海绵城市专项规划编制技术手册

赵 格 魏 曦 编著

中国建筑工业出版社

图书在版编目（CIP）数据

海绵城市专项规划编制技术手册/赵格，魏曦编著. —北京：中国建筑工业出版社，2018.3
ISBN 978-7-112-21663-5

Ⅰ.①海…　Ⅱ.①赵…②魏…　Ⅲ.①城市规划—编制—中国—技术手册　Ⅳ.①TU984.2-62

中国版本图书馆 CIP 数据核字（2017）第 316619 号

责任编辑：李春敏　杨　杰
责任校对：王　烨

海绵城市专项规划编制技术手册

赵　格　魏　曦　编著

＊

中国建筑工业出版社出版、发行（北京海淀三里河路 9 号）
各地新华书店、建筑书店经销
北京红光制版公司制版
北京京华铭诚工贸有限公司印刷

＊

开本：850×1168 毫米　1/32　印张：4½　字数：119 千字
2018 年 3 月第一版　2018 年 3 月第一次印刷
定价：**39.00** 元
ISBN 978-7-112-21663-5
（31517）

前　　言

　　《海绵城市专项规划编制技术手册》（以下简称《手册》）是来源于中国建设科技集团科技创新基金项目，由中国建筑标准设计研究院有限公司负责编制而成。

　　在《手册》的编制过程中，编制组在总结实践经验和科研成果的基础上，主要针对我国海绵城市专项规划编制中尚不明确的技术要点进行研究，形成编制海绵城市专项规划所必需的技术指导，促进海绵城市建设。《手册》包含七大方面内容：

　　1. 海绵城市专项规划基础资料搜集技术手册

　　2. 海绵城市建设现状条件综合评价方法

　　3. 海绵城市建设分区划分方法

　　4. 海绵城市建设目标分解方法

　　5. 海绵城市专项规划与其他规划衔接要点

　　6. 海绵城市建设技术措施选择方法

　　7. 附录

　　版权属于中国建设科技集团及中国建筑标准设计研究院有限公司所有。

　　编制单位：中国建筑标准设计研究院有限公司

　　主要参编人：

　　赵　格　魏　曦　梁　双　黄　坚

总　目　录

1 海绵城市专项规划基础资料搜集技术手册

1 Sponge City Special Planning Basic Data Collection Technical Manual

目　　录

1 综 合 资 料

　　海绵城市基础资料是指编制海绵城市专项规划所需的最基本、最关键的原始资料，包括现状各类数据、图纸、文字说明等。基础资料的搜集与整理是规划工作的一个重要环节，也是海绵城市规划的基础工作。根据海绵城市规划编制要求，确定资料搜集的内容和深度，并使海绵城市规划基础资料搜集规范化、标准化。综合资料需收集所在城市区位、经济社会现状等资料。海绵城市建设涉及规划、园林、建筑、水利、市政等多个专业，需要包括财政、发改、规划、国土、城建、水务、园林、环保、气象等多个主管部门的协调配合、资源整合。

2 气象资料

气象资料主要为分析海绵城市发展条件、选择发展空间以及综合防灾提供依据，一般从气象部门获取，风玫瑰图应按最近时期的统计资料绘制。

2.1 降雨分析

明确降雨规律、径流特点、洪涝特性。收集规划区近 30 年日降雨数据，如果规划中需要模型评估的，还需收集多年分钟间隔的降雨数据。明确设计雨型、降雨强度公式、典型场降雨情况。

例如《南宁市海绵城市规划设计导则》中收集的降雨基础资料：南宁市多年平均（1980～2014 年）降水量为 1298mm。4 月至 9 月的降水量达 1032mm，占全年降水量的 79.5％；冬半年（10 月至翌年 3 月）降水总量 266mm，占全年降水总量的 20.5％。

2.2 蒸发量分析

蒸发量是指在一定时段内，水分经蒸发而散布到空气中的量。通常用蒸发掉的水层厚度的毫米数表示，水面或土壤的水分蒸发量，分别用不同的蒸发器测定。一般温度越高、湿度越小、风速越大、气压越低、则蒸发量就越大；反之蒸发量就越小。雨量稀少、地下水源及流入径流水量不多的地区，如蒸发量很大，即易发生干旱。

例如《南宁市海绵城市规划设计导则》中收集的蒸发量基础资料。（表 1-1）

月份	蒸发量（mm）	降雨量（mm）
1	58.6	40.1
2	55.1	45.4
3	76.9	62
4	109.4	89.2
5	147.7	176.6
6	156.7	217.5
7	170.4	241.7
8	170	181.4
9	160.5	125.6
10	136.6	51.6
11	98.5	45
12	80.6	23.3

注：以上数据为 1981～2010 年气候均值，蒸发量为蒸发皿蒸发量。

2.3　降雨等级划分

一定时间内，降落到水平面上，假定无渗漏、流失和蒸发，累积起来雨水的深度，称为降雨量。降雨量用雨量计或雨量器测定，以毫米为计算单位。如在 1 日内降落在某面积上的总雨量称为日降雨量，此外还有年降雨量、月降雨量以及多少小时降雨量等，若将逐日雨量累积相加，则可分别得出旬、月和年雨量。把一个地方多年的年降水量平均起来，就称为这个地方的"平均年降雨量"。

单位时间内的降雨量称为降雨强度。按 12h 和 24h 降雨强度划分降雨等级，分为小雨、中雨、大雨、暴雨、大暴雨、特大暴雨。（表 1-2）

降雨等级划分表

表 1-2

降雨等级	12h 降雨量 (mm)	日降雨量 (mm)	降雨状况
小雨	<5	<10	雨滴下降清晰可辨，地面全湿，但无积水或积水形成很慢
中雨	5～4.9	10～4.9	雨滴下降连续成线，雨滴四溅，可闻雨声，地面积水形成较快
大雨	15～9.9	25～9.9	雨滴下降模糊成片，四溅很高，雨声激烈，地面积水形成很快
暴雨	30～9.9	50～9.9	雨如倾盆，雨声猛烈，开窗说话时，声音受雨声干扰而听不清楚，积水形成特快，下水道往往来不及排泄，常有外溢现象
大暴雨	70～39.9	100～99.9	
特大暴雨	≥140	≥200	

3 水 文 资 料

水文资料是分析海绵城市发展条件、确定海绵城市规划的重要依据，一般从水利部门获取。

3.1 城市开发前水文特征

明确城市开发前多年平均降雨、蒸发、下渗和产流之间的比例关系。

3.2 水资源状况

明确水资源总量、水开发利用等水资源状况。

3.3 水 系 特 征

明确城市内河水体几何特征、标高、设计水位及城市雨水排放口分布。

（1）河流长度、流向。判断依据：水流向低处；

（2）水系状况与流域范围。判断依据：受山脉走向制约；

（3）支流数量及其形态；

（4）河网形态、密度。河流一般由源头流向侵蚀基准面，沿途又有山谷流水以及地下水汇集；

（5）落差或峡谷分布；

（6）河道的宽窄、弯曲、深浅。

3.4 水 文 特 征

明确河流的水文特征，包括径流量、含沙量、汛期、结冰期、水能资源、流速、河流补给类型及水位。明确目前产流特征与径流控制水平。

（1）径流量（径流量大小和径流量的季节、年际变化）；

（2）含沙量；

（3）有无汛期/凌汛；

（4）有无结冰期；

（5）水能资源是否丰富；

（6）流速；

（7）补给类型（地下水，雨水，冰川融水，冰雪融水等）；

（8）水位。

3.5　水质量状况

明确水环境情况、环境质量报告书、城市面源污染、合流制及其污染、污染源普查报告及相关资料、环境保护污染物总量控制实施方案。

3.6　地　下　水

明确地下水位高度、分布、分级划定、水质等。规划区地勘资料（土壤及地下水位信息）、地下水埋深分布图、漏斗区、沉降区等分布图。

3.7　历史旱涝情况

近10年城市内涝情况，包括内涝发生的次数、日期、当日降雨量、水淹位置、深度、时间、范围、现场照片、灾害造成的人员伤亡和直接、间接经济损失、原因分析。

4 地质地形资料

地质地形资料是评价海绵城市发展条件、选择海绵城市发展空间、综合防灾规划的重要依据，主要从地质或国土部门获取。

4.1 地 形 图

收集地形图资料，比例尺视规划范围的面积大小而定。我国各地不同城市的市域面积差别很大，地形图可根据实际情况选取合适的比例尺，一般从测绘部门获取。由于各地地形图资料积累不同，在资料搜集过程中，可能无法获取合适比例尺和反映最新变化的地形图。为弥补其不足，可以通过现场踏勘或者借助最新遥感影像图对地形图进行校核和更新。遥感影像图可从国土、规划或测绘等部门获取。

4.2 重要生态空间分布图

了解自然保护区、森林公园、风景名胜区、湿地等重要生态空间分布。

4.3 土壤利用特征与类型

土壤类型分布情况（如果为回填土，说明回填类型、分布范围、回填深度）、土壤密度、土壤地勘资料（土壤孔隙率、渗透系数）、土壤层深度、密度、粒度分布、阳离子交换容量（Cation exchange capacity，CEC）、pH、土壤的营养物含量、土壤初始渗透能力、饱和渗透能力、基岩深度等。明确盐碱土的分布状况和盐碱化程度。

根据规划区土壤类型确定土壤渗透系数，明确土壤渗透性。（表1-3）

土壤渗透系数   表 1-3

土质	渗透系数（m/s）	土壤孔隙率	田间持水量
砂土	$>5.83\times10^{-5}$	0.43	0.17
壤质砂土	$1.70\times10^{-5}\sim5.83\times10^{-5}$	0.44	0.09
砂质壤土	$7.20\times10^{-6}\sim1.70\times10^{-5}$	0.45	0.14
壤土	$3.70\times10^{-6}\sim7.20\times10^{-6}$	0.47	$0.25\sim0.32$
粉质壤土	$1.90\times10^{-6}\sim3.70\times10^{-6}$	0.5	0.28
砂质黏壤土	$1.20\times10^{-6}\sim1.90\times10^{-6}$	0.4	—
黏壤土	$6.35\times10^{-7}\sim1.20\times10^{-6}$	0.46	0.32
粉质黏壤土	$4.23\times10^{-7}\sim6.35\times10^{-7}$	$0.47\sim0.51$	$0.3\sim0.37$
砂质黏土	$3.53\times10^{-7}\sim4.23\times10^{-7}$	0.43	—
粉质黏土	$1.41\times10^{-7}\sim3.53\times10^{-7}$	0.47	—
黏土	$3.00\times10^{-8}\sim1.41\times10^{-7}$	0.32	—

低影响开发设施要求的土壤渗透系数大于 5×10^{-6}，当土壤条件不符时，应考虑换土。当地影响开发设施距离建筑物或构筑物的水平距离小于 5m 时，或位于地下建筑之上时，应做防渗处理。

例如《南宁市海绵城市规划设计导则》中收集的土壤情况基础资料：南宁土壤类型 0～100mm 为黄红壤黏土。

4.4 土壤污染特征

收集污染源普查报告及相关资料，环境保护污染物总量控制实施方案等。

4.5 地 质 灾 害

明确规划区工程地质分布图及说明、地质灾害及防治规划、地质灾害评价报告、地质灾害分区图、不良地质（对海绵有不利影响区域）的分布。

5 人 文 条 件

5.1 政 策 文 件

"政策文件"指国家、省、城市人民政府和规划建设主管部门制定的涉及海绵城市规划编制和实施管理的文件。还应搜集国家、区域层面的海绵城市相关规划资料。收集十二五、十三五地方经济发展规划、城建计划等政策规划文件。

5.2 雨洪标准和规范

收集当地雨洪标准和规范，如《室外排水设计规范》、《城市排水工程规划》、《城市用地竖向规划规范》、《城市水系规划规范》、《绿色建筑评价标准》、《城市蓝线和绿线划定与保护制度》等。

5.3 城建习惯与特征

收集工程建设方面地方传统特色做法。

5.4 用水供需情况

了解城市用水供应现状与需求之间的关系。

5.5 投 资 背 景

现有和海绵城市建设相关投资渠道梳理。

5.6 暴雨内涝监测预警体系及应急机制

明确城市暴雨内涝监测预警体系及应急机制，会同水务、气象、交通、公安消防等部门，明确是否有健全互联互通的信息共享与协调联动机制。

6 排 水 特 征

明确排水特征。排水分区一般分为流域排水分区、支流排水分区、城市排水分区和雨水管段排水分区，其划分应遵循"自大到小，逐步递进"的原则。

流域排水分区为第一级排水分区，主要根据城市地形地貌和河流水系，以分水线为界限划分，其雨水通常排入区域河流或海洋，反映雨水总体流向，对应不同内涝防治系统设计标准。

支流排水分区为第二级排水分区，主要根据流域排水分区和流域支流，以分水线界限划分，其雨水排入流域干流，对应不同内涝防治系统设计标准，某些城市可能不存在该类排水分区。

城市排水分区为第三级排水分区，是海绵城市建设重点关注的排水分区，主要以雨水出水口为终点提取雨水管网系统，并结合地形坡度进行划分，对应不同雨水管渠设计标准。各排水分区内排水系统自称相对独立的网络系统，且不互相重叠，其面积通常不超过 $2km^2$。值得注意的是，当降雨径流超过管网排水能力时，形成地表漫流，原有的汇水分区将会发生变化，雨水径流将从一个汇水分区漫流至另一个汇水分区。

雨水管段排水分区为每段管段所服务的汇水范围，其划分相对简单，主要是在第三级排水分区基础上，根据就近排放原则和地形坡度进行划分，其面积通常不超过 2ha，对应不同雨水径流控制标准。

13

7 场 地 因 素

7.1 占 地 面 积

确定占地面积大小。

7.2 现状及规划用地特征分类

可将用地现状分为 5 类调查统计：已建保留、已批在建、已批未建、已建拟更新、未批未建等。

收集规划区现状场地及已批在建、待建场地详细方案设计图，规划区已有和海绵城市相关项目（项目资料，报告，现状照片）、老旧小区改造（方案、实施效果）。

7.3 下垫面现状

明确用地的下垫面现状情况，包括植被覆盖状况、不透水面积的空间分布等。搜集国土二调 GIS 更新图、最新现状用地图、最新高分辨率卫星影像图等资料，对规划建成区内现状下垫面按照屋顶、道路、硬化广场及铺装、绿地、水系、裸地六种类型进行归类，采用遥感数据，并结合现状 1：2000 或其他比例的地形测绘图进行验证，对不同下垫面类型进行抽样解析，并用加权平均法确定规划区现状综合径流系数。（表 1-4）

现状下垫面情况统计表（示例）　　　　表 1-4

序号	类型	面积（hm²）	所占比（%）
1	屋顶		
2	道路		
3	硬化广场及铺装		
4	绿地		
5	水系		
6	裸地		

7.4 红线距离

明确道路红线和建筑后退红线距离。

7.5 低洼地

明确场地内的低洼地情况。低洼地即近似封闭的比周围地面低洼的地形，地上的局部低洼部分。洼地因排水不良，中心部分常积水成湖泊、沼泽或盐沼，土壤碱性较重，不宜种植旱地农作物。

7.6 汇水面积

明确场地的汇水面积。汇水面积指的是雨水流向同一山谷地面的受雨面积。跨越河流、山谷修筑道路时，必须建桥梁和涵洞。兴修水库必须筑坝拦水。而桥梁涵洞孔径的大小、水坝的设计位置与坝高、水库的蓄水量等都要根据这个地区的降水量和汇水面积来确定。

汇水面积的计算方法示例：汇水面积的边界线是由一系列的山脊线和道路、堤坝连接而成。由图看出，由山脊线与公路上的AB线段所围成的面积，就是这个山谷的汇水面积。在图上作设计的道路（或桥涵）中心线与山脊线（分水线）的交点。沿山脊及山顶点划分范围线（如图的虚线），该范围线及道路中心线AB所包围的区域就是雨水汇集范围。具体方法为计算由山脊线围成的面积。（图 1-1）

汇水面积应按汇水面水平投影面积计算。计算屋面雨水收集系统的流量时，应满足下列要求：①高出汇水面积有侧墙时，应附加侧墙的汇水面积，计算方法按现行国家标准《建筑给水排水设计规范》GB 50015 的相关规定执行；②球形、抛物线形或斜坡较大的汇水面，其汇水面积应附加汇水面竖向投影面积的 50%。

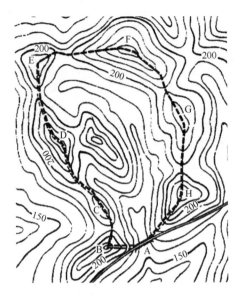

图 1-1　汇水面积计算

8 现状工程体系及设施情况

8.1 供 水 设 施

收集用水需求分析资料，包括生活用水量、工业用水量、其他用水量及其所占比例，供水水质达标率，管道水压。明确水厂、水源、自备水厂及取水口、供水管网、污水厂、再生水厂等供水设施的名称、位置、数量、规模、占地面积、服务范围和其他具体情况，给水加压泵站的名称、位置、规模、服务范围，给水管道走向、位置、管径、埋深及建设年限（供水漏损严重地区，供水管网年久失修的），水源保护区比例、城市水源的供水保障率和水质达标率。

供水设施资料是用水量预测、供水设施规划的依据，市域应搜集到乡（镇）及以上，中心城区应搜集到总体规划用地范围。供水工程资料一般从建设、水利等部门及自来水、水务集团等企事业单位获取，部分资料可从统计、规划建设等部门获取，设施的分布和占地面积等资料可通过地形图结合现场踏勘获取。

8.2 排 水 设 施

收集城市排水体制分区图、合流制溢流口分布（如果有管线普查数据及报告最好），排水分区面积，排水出路。明确排水设施的具体情况，包括排水泵站位置、设计流量、设计标准、服务范围、建设年限、运行情况、雨水口、检查井、排水管、排水渠、排放口、排水泵站、截流设施、调蓄设施、溢流堰、闸门、阀门、易涝区域、城市收纳水体，其中排水管渠需收集的资料有：现有排水管渠长度、管材、管径、管内底标高、流向、设计年限、设计标准、雨水管道和合流制管网情况。明确初期雨水污染特征。

排水设施资料是排水量预测、排水标准确定、排水设施规划的依据，市域应搜集到乡（镇）及以上，中心城区应搜集到总体规划用地范围。排水工程资料一般从建设、水利等部门及污水处理厂、水务集团等企事业单位获取，部分资料可从统计、规划建设等部门获取，设施的分布和占地面积等资料可通过地形图结合现场踏勘获取。

8.3 再生水设施

明确再生水利用现状、相关规划及目标。

8.4 水 利 设 施

明确水利设施的名称、位置、数量、运行情况等。

8.5 园 林 绿 地

明确规划区现状及规划城市公园名录、等级、概况、范围图（CAD 或 GIS），园林绿地灌溉用水定额、市政用水定额。

8.6 道 路 竖 向

明确道路竖向设施现状条件。

8.7 地下空间设施

明确地下商业、文化娱乐等大型公共设施及交通、市政等大型基础设施的位置、用地范围、主要功能、层数、标高、建筑面积。地下空间利用资料是落实海绵城市关于地下空间开发布局的依据。需要搜集分区内重要节点地区的浅层、中层、深层地下空间开发情况。地下空间利用资料一般从建设、交通等部门获取。

9 基础资料搜集的步骤、方法及成果

9.1 搜 集 步 骤

（1）拟定提纲：根据不同规划类型和编制要求，确定所需资料的调查提纲；

（2）确定内容：根据调查提纲，拟定有关资料的调查内容、调查对象、调查方法，设计调查表格、调查问卷、访谈要点；"调查提纲"是指根据规划编制技术思路，提出资料调查的框架、要点。调查对象主要包括部门、公众、企业等；

（3）开展调查；

（4）分析、整理、归纳基础资料，形成调研成果。

9.2 调 查 方 法

（1）现场踏勘调查；现场踏勘、部门调查时，需要用图纸表达的资料应绘制在相应的地形图上。地形图应当为最新资料，地形图较老、地形变化较大的应当由委托单位进行修测。调查表格、调查问卷可以结合规划编制动员会、联络员会议发放，也通过报刊、网络发布。走访有关部门应重点了解现状问题、规划设想，搜集相应图纸、规划成果、研究报告等资料。"文献资料"除从有关部门获取外，还可以从公开出版物及新闻媒体的有关报道中获取；

（2）召开座谈会；

（3）根据调查内容发放调查表格、调查问卷；

（4）走访有关部门、企业、公众，进行访谈和资料搜集；

（5）文献资料的摘编整理。

9.3 成 果 表 达

（1）基础资料汇编应包括综合资料目录、各类表格汇总及分析、各类资料的文字整理、重要座谈会记录、调查问卷原始表格；"表格汇总及分析"是指发放的调查表格应分类统计形成汇总表，也可绘制成分析图表。"现状图"包括城镇体系现状图、城市现状图（城市总体规划）、用地现状图（控制性详细规划），作为规划成果的组成部分，不必列入基础资料汇编；

（2）现状图。

2 海绵城市建设现状条件
综合评价方法

2 Comprehensive Evaluation Method
Of Sponge City Construction

目 录

1 规划背景与现状概况

1.1 自然地理和社会经济

（1）区位条件

描述城市位置与区位情况。

（2）地形地貌

描述城市地形地貌概况。

（3）地质气候

描述城市气候、土壤和地质等基本情况。

（4）经济社会概况

描述城市人口、经济社会情况等。

（5）上位规划概要

1）城市性质、职能、结构、规模等内容；

2）城市发展战略和用地布局等内容；

3）城市总体规划中与城市排水防涝相关的绿地系统规划、城市排水工程规划、城市防洪规划等内容。

（6）相关专项规划概要

重点分析城市防洪规划、城市竖向规划、城市绿地系统专项规划、城市道路（交通）系统规划、城市水系规划等与城市排水与内涝防治密切相关的专项规划的内容。

1.2 降水、径流及洪涝特点

包括年降雨量、短历时降雨规律、径流特性、洪涝特性等。

1.3 水资源状况

包括区域水资源总量及开发利用情况。

1.4 水环境质量状况

包括现状水体水质、排污口分布、水源地分布等情况。

1.5 城市排水防涝现状

现状工程体系及设施情况，包括供排水设施、排水防涝设施、水利设施、雨水调蓄利用设施等。

（1）城市水系

城市内河（不承担流域性防洪功能的河流）、湖泊、坑塘、湿地等水体的几何特征、标高、设计水位及城市雨水排放口分布等基本情况。

城市区域内承担流域防洪功能的受纳水体的几何特征、设计水（潮）位和流量等基本情况。

（2）城市雨水排水分区

城市排水分区情况，每个排水分区的面积，最终排水出路等。

（3）道路竖向

城市主次干道的道路控制点标高。

（4）历史内涝

描述近10年城市积水情况，积水深度、范围等，以及灾害造成的人员伤亡和直接、间接经济损失。

（5）城市排水设施

城市现有排水管渠长度，管材，管径，管内底标高，流向，建设年限，设计标准，雨水管道和合流制管网情况及城市雨水管渠的运行情况。（表2-1）

现状市政管渠系统示例表　　　　　　　　表2-1

现状人口（万人）	现状建成区面积（km²）	雨污合流管网长度（km）	雨水管网长度（km）	合流制排水明渠长度（km）	雨水明渠长度（km）

城市排水泵站位置、设计流量、设计标准、服务范围、建设年限及运行情况。（表2-2、表2-3）

现状城市排水管网设计重现期示例表　　　　　表 2-2

小于一年一遇（km）	1 年一遇（km）	1～3 年一遇（包括 1km 和 3km）（km）	3 年一遇（km）	3～5 年一遇（不包括 3km 和 5km）（km）	5 年一遇（km）	大于 5 年一遇（km）

现状城市排水泵站示例表　　　　　表 2-3

泵站名称	泵站位置	泵站性质（雨水泵站或雨污合流泵站）	服务范围（km²）	设计重现期	设计流量（m³/s）

（6）城市内涝防治设施

城市雨水调蓄设施和蓄滞空间分布及容量情况。

2 问题及成因分析

2.1 存 在 问 题

（1）水安全

包括城市排水防涝、城市防洪、供水安全保障等。

（2）水资源

城市水资源供需平衡及保护等。

（3）水环境

城市水体污染问题、初期雨水面源污染、污水处理及再生利用、地下水超采问题等。

（4）周边区域影响

城市周边区域河湖水系、防洪、水源涵养情况等。

2.2 问题成因分析

从体制、机制、规划、建设、管理等方面进行分析。

3 城市排水能力与内涝风险评估

3.1 降雨规律分析与下垫面解析

（1）总体要求

按照《室外排水设计规范（GB 50014）》的要求，对暴雨强度公式进行评估。简述原有暴雨强度公式的编制时间、方法及适用性。

根据降雨统计资料，建立步长为 5min 的短历时（一般为 2h～3h）和长历时（24h）设计降雨雨型，长历时降雨应做好与水利部门设计降雨的衔接。

对城市地表类型进行解析，按照水体、草地、树林、裸土、道路、广场、屋顶和小区内铺装等类型进行分类。也可根据当地实际情况，选择分类类型。下垫面解析成果应做成矢量图块，为后续雨水系统建模做准备。

（2）解析技术

对城市下垫面进行解析是分析城市降雨径流机制的基础。通常进行下垫面解析有三种方式，现场调研，卫星影像分析，航拍图像分析。

利用现场调研的方式，较为直观，但工作量大，且不容易覆盖城市的全部范围；卫星影像图是以卫星作为遥感平台，通过卫星上装载的对地观测遥感仪器对地球表面进行观测所获得的遥感图像。利用卫星影像进行解译，由于影像比例尺小，分辨率低，易受天气因素影响，清晰度相对较低，解译精度不高。航拍图像是以飞机作为遥感平台，在近地点的稳定高度拍摄地面各种目标所获得的图像。航拍图像具有比例尺较大、分辨率较高、清晰度高的特点，一般分辨率可从 0.04m～1m 之间，适合对城市的地面进行解析。

3.2 城市现状排水防涝系统能力评估

（1）排水系统总体评估

1）城市雨水管渠的覆盖程度；

2）城市各排水分区内的管渠达标率（各排水分区内满足设计标准的雨水管渠总长度与该排水分区内雨水管渠总长度的比值）；

3）城市雨水泵站的达标情况（满足设计标准的雨水泵站排水能力与全市泵站总排水能力的比值）；

4）按照住房城乡建设部《城市排水防涝设施普查数据采集与管理技术导则》（建城 2013 _ 88 号）以及《城镇排水管道检测与评估技术规程（CJJ 181）》等国家有关标准规范的要求，对城市排水管渠现状的评估情况。

（2）现状排水能力评估

在排水防涝设施普查的基础上，推荐使用水力模型对城市现有雨水排水管网和泵站等设施进行评估，分析实际排水能力。（表 2-4）

现状排水管网排水能力评估示例表　　表 2-4

经评估排水能力小于 1 年一遇的管网（km）	经评估排水能力 1～2 年一遇的管网（包括 1km 不包括 2km）	经评估排水能力 2～3 年一遇的管网（包括 2km 不包括 3km）	经评估排水能力 3～5 年一遇的管网（包括 3km 不包括 5km）	经评估排水能力大于等于 5 年一遇的管网（km）

3.3 内涝风险评估与区划

（1）总体要求

推荐使用水力模型进行城市内涝风险评估。通过计算机模拟获得雨水径流的流态、水位变化、积水范围和淹没时间等信息，采用单一指标或者多个指标叠加，综合评估城市内涝灾害的危险性；结合城市区域重要性和敏感性，对城市进行内涝风险等级进行划分。

基础资料或手段不完善的城市，也可采用历史水灾法进行评价。（表2-5）

城市内涝风险评估示例表 表 2-5

城市现状易涝点个数（个）	内涝高风险区面积（km²）	内涝中风险区面积（km²）	内涝低风险区面积（km²）

（2）内涝风险评估方法

防御城市内涝灾害，仅仅考虑工程措施是不能完全抗拒内涝灾害的，而应该重视非工程措施的作用。

城市内涝分析评估是一项以预防为主，防患于未然的重要非工程措施，是灾害管理的重要组成部分。内涝灾害评估体系的建立，有助于建立健全有效的城市灾害管理机制，有助于城市居民防范灾害的风险意识，有助于提高城市内涝灾害风险管理水平，有助于城市保持可持续发展。

目前，城市内涝风险评估尚处在研究与探索中，评估的方法也很多，但用的较多的主要有以下三种方法：历史灾情数理统计评估法、指标体系评估法和情景模拟评估法。

1）历史灾情数理统计评估法

基于历史灾情数理统计的内涝灾害评估法的理论基础是：认为灾害风险评估由灾害危险性评估和脆弱性评估两部分组成，灾害风险评估是将危险性估算结果和脆弱性估算结果以一定的标准或方式进行叠加后产生的。

历史灾情一般是指灾害数据库记录的洪涝灾害发生次数、受灾面积、成灾面积、受灾人口、直接经济损失等统计数据。该方法思路清晰且计算相对简单但需要长期灾害资料的积累。目前城市内涝灾情数据往往很难获取，所以在应用上具有一定局限性，另外，风险是未来潜在发生的可能性，用历史资料预测未来灾害风险发生的概率，可能未必一致。

2）指标体系评估法

基于指标体系的内涝风险评估法的理论基础是认为灾害风险是致灾因子、孕灾环境和承灾体的综合函数，灾害风险是由致灾因子危险性、承灾体的暴露性和脆弱性相互作用而构成的有机整体。

指标体系法的主要思路是根据灾害的特点，凭经验选取适合的指标体系，然后通过数理方法对各原始指标进行处理，最后得到灾害风险的评价体系，侧重于指标的选取和权重方法的优化，可以宏观反映区域风险状况，在我国灾害风险分析与评估中应用最为广泛。但是评估指标在选取时可能出现"以点代面"的现象，不能完全反映灾害风险的空间分布。

3）情景模拟评估法

基于情景模拟内涝风险评估法是借助于 GIS 技术、计算机技术和通信技术，建立地形模型、降雨模型、排水模型和地面特征模型，模拟内涝在发生的情景，是一种高精度、可视化的、动态的内涝风险评估方法。

借助数值模拟平台真实模拟出城市降雨径流形成及通过地下雨水排水系统汇至地表河道系统，并在局部地区产生积水内涝的全过程。利用内涝数值模型系统可以模拟不同降雨强度下，城市雨水径流的产生和排水系统的工作情况。

该方法通过研究内涝发生的形成机制和发生情景，结合受灾体特征判别内涝风险，特点是直观可视且动态化，但需要较高精度的地形、雨水管网、水系等资料，且需具备水文水动力、城市排水、地理学、风险评估等多专业知识。

基于情景模拟内涝风险评估法能直观、高精度地反映一定概率的致灾因子导致的灾害事件的影响范围与程度，能高精度地反映灾害风险的空间分布特征。但该方法对区域地理背景资料和排水资料要求高、计算复杂、工程量大。

目前，部分城市可以采用此法，如建设行政主管部门已按住房城乡建设部《城市排水防涝设施普查数据采集和管理技术导则》的要求，安排开展普查工作；结合土地部门正在建设 GIS 地理信息系统，在这些基本条件具备后，再采用水力模型（情景模拟）进行城市内涝风险评估。

（3）指标法示例

主要风险因子的识别

按指标体系理论，内涝灾害风险是由致灾因子危险性、承灾体的暴露性和脆弱性相互作用而构成的有机整体。内涝灾害风险构成元素影响因子主要包括危险性影响因子、暴露性影响因子和脆弱性影响因子。根据对比相关项目，查找有关资料，构成内涝灾害风险的因子有 15 个，详见表 2-6。

城市内涝灾害风险因子的识别表 表 2-6

类型	序号	风险因子	是否列为评价因子	备注
危险性 影响因子	1	历史灾情	否	
	2	灾情次数	否	
	3	地形	是	并入 7
	4	历史降雨	否	
	5	地面坡度	是	并入 7
	6	地面高程	是	
	7	地面渗透性	是	并入 7
	8	水系	是	并入 9
	9	排水系统	是	
暴露性 影响因子	10	人口密度	是	
	11	经济状况	是	
脆弱性 影响因子	12	防灾意识	否	
	13	应急救灾能力	是	
	14	防灾抗灾能力	是	
	15	医疗救护能力	是	

为简化计算和评估的复杂性，拟选取对内涝灾害风险评估影响较大和空间分布有关的几个因子，作为风险评估的主要因子，将一些类似的影响因子进行合并处理，筛选和归纳出 6 个主要风险评估因子。并参照其他项目经验，确定各评价因子的权重。详见表 2-7。

城市内涝灾害主要风险评估因子表 表 2-7

类型	序号	风险因子	所含因子	权重（%）
危险性影响因子	1	地面高程	地形、地面高程	25
	2	径流系数	地面坡度、地面渗透性	10
	3	排水系统	水系、排水系统	20
暴露性影响因子	4	人口密度	人口密度	20
	5	经济状况	经济状况	15
脆弱性影响因子	6	防灾抗灾能力	防灾意识、应急救灾能力、防灾抗灾能力、医疗救护能力	10

（4）情景模拟法示例（基于数值模拟的城市内涝风险评估研究——以苏州市城市中心区为例）

1）数学模型构建

选用软件建立集防洪、除涝、排水于一体的苏州市城市中心区排水防涝数学模型，实现产流、地面汇流、管网汇流、河网汇流及地面积水流动模拟，涉及地面高程、管网、河网等模块，需要土地利用、地形、管网形态及规模、河道形态及规模、闸门泵站等基础数据，并且依据模拟范围的特性选择合适的产汇流模型和相关参数，依据实测资料对模型进行率定验证。

2）内涝风险评估指标体系

依据《室外排水设计规范》GB 50014—2006（2014 年版）中提出的内涝防治标准：底层建筑不进水，道路中一条车道积水不超过 15 厘米，参考上海、杭州等城市内涝积水防治标准，根据城市历年积水投诉情况和道路建筑物建设情况划定淹没深度、淹没范围等级，根据城市中心区内区域及设施重要性区分重要区域和一般区域综合构成城市中心区内涝风险评估指标体系，详见表 2-8。

苏州市城市中心区内涝灾害风险评估指标体系与权重　表 2-8

类别	内容	说明	划分标准	危险指数	权重
危险性 D	淹没深度	指示随淹没深度增加而增加的风险	等级 1：≥0cm 且＜15cm	1	0.4
			等级 2：≥15cm 且＜30cm	2	
			等级 3：≥30cm 且＜50cm	3	
			等级 4：≥50cm	4	
	淹没范围	指示随淹没深度增加而增加的风险，以道路上积水长度划分	等级 1：≥5cm 且＜10cm	1	0.3
			等级 2：≥10cm 且＜30cm	2	
			等级 3：≥30cm 且＜50cm	3	
			等级 4：≥50cm	4	
	淹没历时	指示随淹没历时增加而增加的风险	等级 1：≥1h 且＜2h	1	0.3
			等级 2：≥2h 且＜6h	2	
			等级 3：≥6h 且＜12h	3	
			等级 4：≥12h	4	
重要性 I	一般区域	除重要区域以外的其余区域，如街道、广场、公园等			0.4
	重要区域	指示淹没区内的人口密集区、重要商业区、政治中心、医院、学校、重要地下空间、文物古迹以及重要干道、供水、供电、供气、通信等重要基础设施			0.6

针对 20 年一遇、30 年一遇、50 年一遇 24 小时降雨，利用数学模型进行模拟分析，选取积水深度、淹没历时、淹没范围和重要程度，通过 ArcGIS 计算城市各节点内涝风险，圈定内涝风险等值线，综合划分内涝高、中、低风险区。

3 海绵城市建设分区划分方法

3 Sponge City Construction Division Method

目　录

1 排水分区划分

排水分区一般分为流域排水分区、支流排水分区、城市排水分区和雨水管段排水分区,其划分应遵循"自大到小,逐步递进"的原则。

1.1 流域排水分区

流域排水分区为第一级排水分区,主要根据城市地形地貌和河流水系,以分水线为界限划分,其雨水通常排入区域河流或海洋,反映雨水总体流向,对应不同内涝防治系统设计标准。

1.2 支流排水分区

支流排水分区为第二级排水分区,主要根据流域排水分区和流域支流,以分水线界限划分,其雨水排入流域干流,对应不同内涝防治系统设计标准,某些城市可能不存在该类排水分区。

1.3 城市排水分区

城市排水分区为第三级排水分区,是海绵城市建设重点关注的排水分区,主要以雨水出水口为终点提取雨水管网系统,并结合地形坡度进行划分,对应不同雨水管渠设计标准。各排水分区内排水系统自称相对独立的网络系统,且不互相重叠,其面积通常不超过 2 平方公里。值得注意的是,当降雨径流超过管网排水能力时,形成地表漫流,原有的汇水分区将会发生变化,雨水径流将从一个汇水分区漫流至另一个汇水分区。

1.4 雨水管段排水分区

雨水管段排水分区为每段管段所服务的汇水范围,其划分相对简单，主要是在第三级排水分区基础上，根据就近排放原则和地形坡度进行划分，其面积通常不超过 2 公顷，对应不同雨水径流控制标准。

1.5 划 分 方 法

在划分方法上，流域排水分区和支流排水分区的划分主要基于 DEM（数字高程地形图），采用 GIS 水文分析工具来提取分水线和汇水路径，实现自然地形的自动分割。城市排水分区的划分主要以雨水管网系统和地形坡度为基础，地势平坦的地区，按就近排放原则采用等分角线法或梯形法进行划分，地形坡度较大的地区，按地面雨水径流水流方向进行划分。雨水管段排水分区主要采用 Theissen（泰森）多边形工具自动划分管段或检查井的服务范围，再对地形坡度较大的位置进行人工修正。

2 排水管控单元划分

根据城市总体海绵城市控制指标与要求，应针对每个管控单元提出相应的强制性指标和引导性指标，并提出管控策略，建立区域雨水管理排放制度，实现各分区之间指标衔接平衡。

管控单元划分应综合考虑城市排水分区和城市控规的规划用地管理单元等要素划分，应以便于管理、便于考核、便于指导下位规划编制为划分原则。各管控单元的平均面积宜在 $2\sim3km^2$，规划面积超过 $100km^2$ 的城市可采取两个层次的管控单元划分方式（一级管控单元与总规对接、二级管控单元与分规或区域规划对接），以更好与现有规划体系对接。

3 海绵空间管控

格局的研究方法海绵空间管控格局重点关注水敏感和风险地区的保护，是城市大生态格局的一种。参考生态规划研究方法，可应用以下思路，见图3-1。

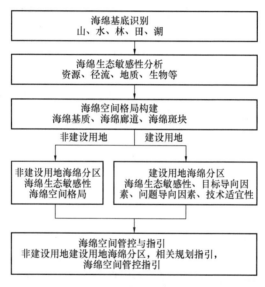

图 3-1 海绵城市建设分区指引步骤说明图

3.1 海绵基底识别

识别城市山、水、林、田、湖等生态本底条件，研究核心生态资源的生态价值、空间分布和保护需求。

3.2 海绵生态敏感性分析

海绵生态敏感性是区域生态中与水紧密相关的生态要素综合

作用下的结果，涉及河流湖泊、森林绿地等现有资源的保护、潜在径流路径和蓄水地区管控、洪涝和地质灾害等风险预防、生物栖息及环境服务等功能的修复等。具体的因子可包括：河流、湿地、水源地、易涝区、径流路径、排水分区、高程、坡度和各类地质灾害分布、植被分布、土地利用类型、生物栖息地分布及迁徙廊道等。

在海绵生态敏感性分析中，采用层次分析法和专家打分法，给各敏感因子赋权重，通过 ArcGIS 平台进行空间叠加，得到海绵生态敏感性综合评价结果；并将其划分为高敏感区、较高敏感区、一般敏感区、较低敏感区和低敏感区。

深圳市海绵城市专项规划对深圳市的海绵生态敏感性评价首先采用了层次分析法，考虑水、地质、生物三个敏感因子，结合深圳本地特点及已有相关规划及基础资料，分别对其进行敏感性评价。评价表（表3-1）及评价结果如图3-2，图3-3，图3-4，图3-5所示。

深圳市海绵城市专项规划-生态敏感性评价表　　　表 3-1

敏感因子		高敏感	较高敏感	中敏感	较低敏感	低敏感
水敏感因子	地表水保护	水库	河流	坑塘	—	—
	蓝线保护	水系蓝线	小水库蓝线	—	—	—
	易涝区	高风险区	中风险区	低风险区	—	—
地质敏感因子	高程	>500m	150~500m	80~150m	30~80m	<30m
	坡度	>40°	25~40°	15~25°	8~15°	<8°
	地震断裂带	<5m 缓冲		5~20m		>20m

敏感因子		高敏感	较高敏感	中敏感	较低敏感	低敏感
地质敏感因子	滑坡、泥石流等地质灾害易发性	易发	——	——	——	——
生物敏感因子	下垫面	林地	——	耕地、湿地	——	其他
	NDVI	>0.7	0.5~0.7	0.3~0.5	——	<0.3

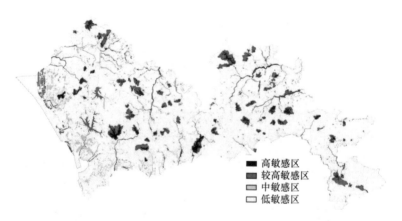

■ 高敏感区
■ 较高敏感区
□ 中敏感区
□ 低敏感区

图 3-2 深圳市海绵城市专项规划-水敏感评价结果

基于水敏感、地质敏感、生物敏感三大因子，通过 ArcGIS 平台采用专家打分法（水敏感因子权重 0.5，地质敏感因子权重 0.2，生物敏感因子权重 0.3）进行空间叠加，得到海绵生态敏

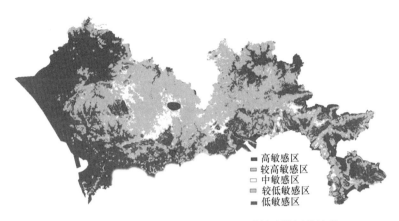

高敏感区
较高敏感区
中敏感区
较低敏感区
低敏感区

图 3-3 深圳市海绵城市专项规划-地质敏感性评价结果

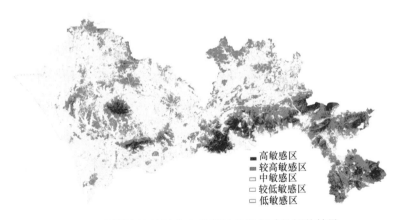

高敏感区
较高敏感区
中敏感区
较低敏感区
低敏感区

图 3-4 深圳市海绵城市专项规划-生物敏感性评价结果

感综合评价结果。并将其划分为高敏感区、较高敏感区、一般敏
感区、较低敏感区和低敏感区，从而为生态安全格局构建、海绵
生态格局及海绵城市功能分区划定等提供理论支撑。

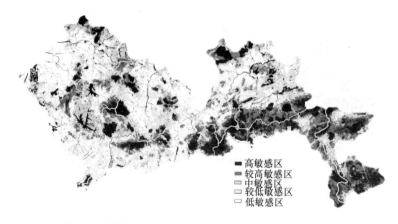

高敏感区
较高敏感区
中敏感区
较低敏感区
低敏感区

图 3-5　深圳市海绵城市专项规划-海绵生态敏感性分析

3.3　海绵空间格局构建

运用景观生态学的"基质——斑块——廊道"的景观结构分析法，结合城市海绵生态安全格局、水系格局和绿地格局，构建"海绵基质——海绵斑块——海绵廊道"的空间结构。海绵基质是以区域大面积自然生态空间为核心的山水基质，在城市生态系统中承担着重要的生态涵养功能，是整个城市和区域的海绵主体和城市的生态底线。海绵斑块由城市绿地和湿地组成，是城市内部雨洪滞蓄和生物栖息的主要载体，对城市微气候和水环境改善有一定作用。海绵廊道包括水系廊道和绿色生态廊道，是主要的雨水行泄通道，起到控制水土流失、保障水质、消除噪声、净化空气等环境服务功能，同时提供游憩休闲场所。

深圳市海绵城市专项规划的海绵空间格局分析基于深圳市海绵基地现状空间布局与特征，结合中心城区的海绵生态安全格局、水系格局和绿地格局，构建深圳市"山水基质、蓝绿双廊、多点分布"的海绵空间结构，将城市建设区与海绵生态一体化构建，支撑城市良性发展。（图 3-6）

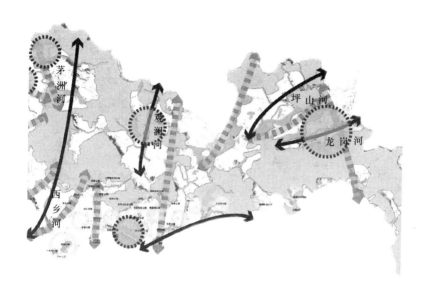

图 3-6　深圳市海绵城市专项规划-"山水基质、
蓝绿双廊、多点分布"的海绵空间结构

3.4　海绵城市建设技术的用地适宜性评价

　　综合考虑地下水位、土壤渗透性、地质风险等因素，基于经济可行、技术合理的原则，评价适用于城市的海绵技术库。可将规划区分为海绵城市建设技术普适区、海绵城市建设技术有条件适用区、海绵城市建设技术限定条件使用区等，其中海绵城市建设技术普适区可以采用所有海绵城市建设技术，海绵城市建设技术有条件适用区有部分技术不适用，海绵城市建设技术限定条件使用区仅考虑特定的一种技术或不适宜采取任何一种技术。

3.5　海绵建设分区与指引

　　首先，根据城市总体规划对于建设用地、非建设用地的划分，将海绵建设分区分为非建设用地分区和建设用地分区两大类。

（1）非建设用地海绵分区。综合考虑城市海绵生态敏感性和空间格局，采用预先占有土地的方法将其在空间上进行叠加，根据海绵生态敏感性的高低、基质－斑块－廊道的重要性逐步叠入非建设用地，一直到综合显示所有非建设用地海绵生态的价值。

（2）建设用地海绵分区。综合考虑城市海绵生态敏感性、目标导向因素（新建/更新地区、重点地区等）、问题导向因素（黑臭水体涉及流域、内涝风险区、地下水漏斗区等）和海绵技术适宜性，采用预先占有土地的方法将其在空间上进行逐步叠加，一直到形成综合显示所有海绵建设的可行性、紧迫性等建设价值的分区。

根据非建设用地海绵分区、建设用地海绵分区的特点及相关规划、相关空间管制的要求等，制订各海绵分区的管控指引。形成海绵综合建设区、海绵改造修复区、海绵提升区、水循环利用区、大型绿地雨水径流控制与雨水利用区、山体水源涵养区、水生态保护区等分区。（图 3-7，图 3-8）

图 3-7　深圳市海绵城市专项规划-分区管控

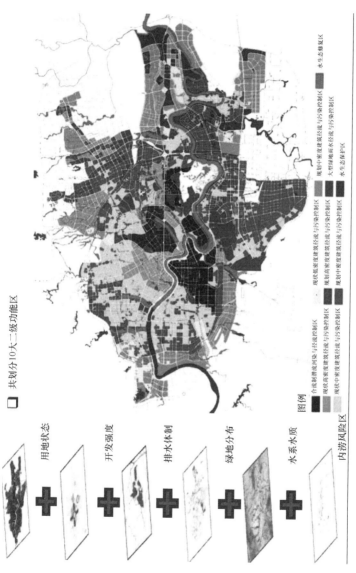

共划分10大二级功能区

用地状态 + 开发强度 + 排水体制 + 绿地分布 + 水系水质 + 内涝风险区

图例

合流制溢流河集与径流控制区
现状高密度建筑径流与污染控制区
现状中密度建筑径流与污染控制区

现状低密度建筑径流与污染控制区
规划高密度建筑径流与污染控制区
规划中密度建筑径流与污染控制区

规划中密度雨水径流与污染控制区
大型绿地雨水径流与污染控制区
水生态保护区

水生态修复区

图3-8 建设控制管理单元划分

47

海绵生态保育区——保育为主，面积占比 21%；

海绵生态涵养区——涵养为主，面积占比 17%；

海绵生态缓冲区——修复为主，面积占比 15%；

海绵建设先行区——近期建设区，面积占比 17%；

海绵建设引导区——远期建设区，面积占比 29%。

4 海绵城市建设目标分解方法

4 Sponge City Construction Target
Decomposition Method

目　　录

1 海绵城市建设指标分解研究

1.1 年径流总量控制率确定

（1）年径流总量定义

年径流总量控制率，即根据多年日降雨量统计数据分析计算，通过自然和人工强化的渗透、储存、蒸发（腾）等方式，场地内累计全年得到控制（不外排）的雨量占全年总降雨量的百分比。（图 4-1）

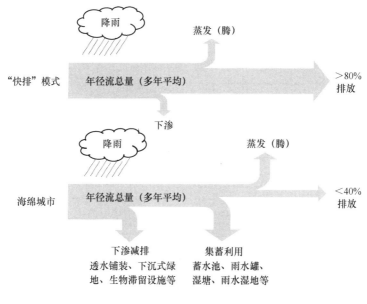

图 4-1　年径流总量控制率概念示意图

海绵城市低影响开发雨水系统的径流总量控制一般采用年径流总量控制率作为控制目标。

（2）年径流总量控制率与设计降雨量的统计对应关系

年径流总量控制率与设计降雨量为一一对应关系，具体计算方法如下：城市年径流总量控制率对应的设计降雨量值的确定，是通过统计学方法获得的。选取至少近30年（反映长期的降雨规律和近年气候的变化）日降雨（不包括降雪）资料，扣除小于等于2mm的降雨事件的降雨量，将降雨量日值按雨量由小到大进行排序，统计小于某一降雨量的降雨总量（小于该降雨量的按真实雨量计算出降雨总量，大于该降雨量的按该降雨量计算出降雨总量，两者累计总和）在总降雨量中的比率，此比率（即年径流总量控制率）对应的降雨量（日值）即为设计降雨量。（图4-2）

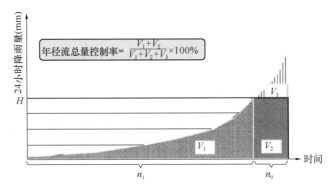

图4-2　年径流总量控制率的计算方法示意图

设计降雨量是各城市实施年径流总量控制的专有量值，考虑我国不同城市的降雨分布特征不同，《指南》要求各城市的设计降雨量值应单独推求。（图4-3）

（3）《指南》分区控制

理想状态下，径流总量控制目标应以开发建设后径流排放量接近开发建设前自然地貌时的径流排放量为标准。自然地貌往往按照绿地考虑，一般情况下，绿地的年径流总量外排率为15％～20％（相当于年雨量径流系数为0.15～0.20），因此，借鉴发达国家实践经验，年径流总量控制率最佳为80％～85％。这一目标主要通过控制频率较高的中、小降雨事件来实现。

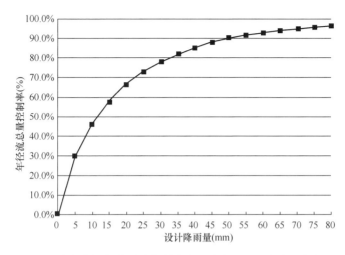

图 4-3　南宁市年径流总量控制率与设计降雨量对应关系曲线图

《指南》将我国大陆地区大致分为五个区，并给出了各区年径流总量控制率 α 的最低和最高限值，即Ⅰ区（85%≤α≤90%）、Ⅱ区（80%≤α≤85%）、Ⅲ区（75%≤α≤85%）、Ⅳ区（70%≤α≤85%）、Ⅴ区（60%≤α≤85%），（可参考《海绵城市建设技术指南》图 3-3 我国大陆地区年径流总量控制率分区图）。各地应参照此限值，因地制宜的确定本地区径流总量控制目标。（表 4-1）

我国部分城市年径流总量控制率对应的设计
降雨量值一览表　　　　　　　　　　表 4-1

城市	不同年径流总量控制率对应的设计降雨量（mm）				
	60%	70%	75%	80%	85%
酒泉	4.1	5.4	6.3	7.4	8.9
拉萨	6.2	8.1	9.2	10.6	12.3
西宁	6.1	8.0	9.2	10.7	12.7
乌鲁木齐	5.8	7.8	9.1	10.8	13.0
银川	7.5	10.3	12.1	14.4	17.7
呼和浩特	9.5	13.0	15.2	18.2	22.0

城市	不同年径流总量控制率对应的设计降雨量（mm）				
	60%	70%	75%	80%	85%
哈尔滨	9.1	12.7	15.1	18.2	22.2
太原	9.7	13.5	16.1	19.4	23.6
长春	10.6	14.9	17.8	21.4	26.6
昆明	11.5	15.7	18.5	22.0	26.8
汉中	11.7	16.0	18.8	22.3	27.0
石家庄	12.3	17.1	20.3	24.1	28.9
沈阳	12.8	17.5	20.8	25.0	30.3
杭州	13.1	17.8	21.0	24.9	30.3
合肥	13.1	18.0	21.3	25.6	31.3
长沙	13.7	18.5	21.8	26.0	31.6
重庆	12.2	17.4	20.9	25.5	31.9
贵阳	13.2	18.4	21.9	26.3	32.0
上海	13.4	18.7	22.2	26.7	33.0
北京	14.0	19.4	22.8	27.3	33.6
郑州	14.0	19.5	23.1	27.8	34.3
福州	14.8	20.4	24.1	28.9	35.7
南京	14.7	20.5	24.6	29.7	36.6
宜宾	12.9	19.0	23.4	29.1	36.7
天津	14.9	20.9	25.0	30.4	37.8
南昌	16.7	22.8	26.8	32.0	38.9
南宁	17.0	23.5	27.9	33.4	40.4
济南	16.7	23.2	27.7	33.5	41.3
武汉	17.6	24.5	29.2	35.2	43.3
广州	18.4	25.2	29.7	35.5	43.4
海口	23.5	33.1	40.0	49.5	63.4

《指南》要求各地城市规划、建设过程中，可将年径流总量

控制率目标分解为单位面积控制容积，以其作为综合控制指标来落实径流总量控制目标。

（4）根据天然径流率估算城市年径流控制率（以武汉为例）

各城市年径流总量控制率主要根据《指南》的分区确定取值区间，具体取值主要依靠设计人员定性分析，缺乏定量分析方法。下面介绍武汉市规划研究院首席工程师康丹提出的天然径流率估算法来确定年径流控制率。

第一步：计算多年平均天然径流率。

武汉市多年平均降雨量 1240.6mm，多年平均天然径流量 502.7mm（需还原计算），武汉市多年平均天然径流率为 40.5%。

第二步：估算水面平均径流率。

根据武汉市水利部门统计资料，武汉市水库的多年平均蒸发量占水面降雨量的 15% 左右，武汉市水面多年平均天然径流率取值按照 85% 计。

第三步：估算陆域平均径流率。

武汉市水面占比约 25.01%，估算武汉市陆域多年平均天然径流率为：$(40.5\% - 25.01\% * 85\%)/(1 - 25.01\%) = 25.7\%$

第四步：确定城市径流控制率目标值。

城市径流控制率目标值＝1－陆域多年平均天然径流率＝74.3%。

1.2 《指南》控制指标分解方法

根据海绵城市——低影响开发雨水系统构建技术框架，各地应结合当地水文特点及建设水平，构建适宜并有效衔接的低影响开发控制指标体系。低影响开发雨水系统控制指标的选择应根据建筑密度、绿地率、水域面积率等既有规划控制指标及土地利用布局、当地水文、水环境等条件合理确定，可选择单项或组合控制指标，有条件的城市（新区）可通过编制基于低影响开发理念的雨水控制与利用专项规划，最终落实到用地条件或建设项目设计要点中，作为土地开发的约束条件。低影响开发控制指标及分解方法如表4-2所示。

低影响开发控制指标及分解方法 表 4-2

规划层级	控制目标与指标	赋值方法
城市总体规划、专项（专业）规划	控制目标 年径流总量控制率及其对应的设计降雨量	年径流总量控制率目标选择详见本章第二节，可通过统计分析计算（或查附录2）得到年径流控制率及其对应的设计降雨量
详细规划	综合指标：单位面积控制容积	根据总体规划阶段提出的年径流总量控制率目标，结合各地块绿地率等控制指标，参照式4-1计算各地块的综合指标—单位面积控制容积

注：1. 下沉式绿地率＝广义的下沉式绿地面积/绿地总面积，广义的下沉式绿地泛指具有一定调蓄容积（在以径流总量控制为目标进行目标分解或设计计算时，不包括调节容积）的可用于调蓄径流雨水的绿地，包括生物滞留设施、渗透塘、湿塘、雨水湿地等；下沉深度指下沉式绿地低于周边铺砌地面或道路的平均深度，下沉深度小于100 mm的下沉式绿地面积不参与计算（受当地土壤渗透性能等条件制约，下沉深度有限的渗透设施除外），对于湿塘、雨水湿地等水面设施系指调蓄深度；

2. 透水铺装率＝透水铺装面积/硬化地面总面积；

3. 绿色屋顶率＝绿色屋顶面积/建筑屋顶总面积。

有条件的城市可通过水文、水力计算与模型模拟等方法对年径流总量控制率目标进行逐层分解；暂不具备条件的城市，可结合当地气候、水文地质等特点，汇水面种类及其构成等条件，通过加权平均的方法试算进行分解。

1.3 《指南》控制目标分解步骤（图4-4）

（1）确定城市总体规划阶段提出的年径流总量控制率目标；

（2）根据城市控制性详细规划阶段提出的各地块绿地率、建筑密度等规划控制指标，初步提出各地块的低影响开发控制指

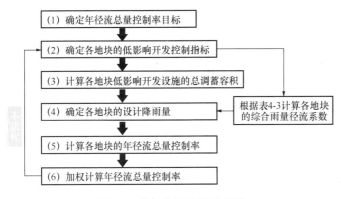

图 4-4 分解方法流程示意图

标，可采用下沉式绿地率及其下沉深度、透水铺装率、绿色屋顶率、其他调蓄容积等单项或组合控制指标；

（3）计算各地块低影响开发设施的总调蓄容积；

（4）计算原则为低影响开发设施的规模应根据控制目标及设施在具体应用中发挥的主要功能，选择容积法、流量法或水量平衡法等方法通过计算确定；按照径流总量、径流峰值与径流污染综合控制目标进行设计的低影响开发设施，应综合运用以上方法进行计算，并选择其中较大的规模作为设计规模；有条件的可利用模型模拟的方法确定设施规模。

当以径流总量控制为目标时，地块内各低影响开发设施的设计调蓄容积之和，即总调蓄容积（不包括用于削减峰值流量的调节容积），一般不应低于该地块"单位面积控制容积"的控制要求。

计算总调蓄容积时，应符合以下要求：

1）顶部和结构内部有蓄水空间的渗透设施（如复杂型生物滞留设施、渗管/渠等）的渗透量应计入总调蓄容积。

2）调节塘、调节池对径流总量削减没有贡献，其调节容积不应计入总调蓄容积；转输型植草沟、渗管/渠、初期雨水弃流、植被缓冲带、人工土壤渗滤等对径流总量削减贡献较小的设施，其调蓄容积也不计入总调蓄容积。

3）透水铺装和绿色屋顶仅参与综合雨量径流系数的计算，其结构内的空隙容积一般不再计入总调蓄容积。

4）受地形条件、汇水面大小等影响，设施调蓄容积无法发挥径流总量削减作用的设施（如较大面积的下沉式绿地，往往受坡度和汇水面竖向条件限制，实际调蓄容积远远小于其设计调蓄容积），以及无法有效收集汇水面径流雨水的设施具有的调蓄容积不计入总调蓄容积。

5）通过参照式 4-2 加权计算得到各地块的综合雨量径流系数，并结合上述 3）得到的总调蓄容积，参照式 4-1 确定各地块低影响开发雨水系统的设计降雨量；

$$V = 10H\phi F \qquad 式 4-1$$

式中：V——设计调蓄容积，m^3；

　　　H——设计降雨量，mm；

　　　ϕ——综合雨量径流系数，可参照表 4-3 进行加权平均计算；

　　　F——汇水面积，hm^2。

$$\varphi = \frac{\sum F_i \varphi_i}{\sum F_i} \qquad 式 4-2$$

式中：φ——各地块的综合雨量径流系数；

　　　φ_i——各类汇水面的雨量径流系数，其中，广义的下沉式绿地因接纳客水，其雨量径流系数可取 1；

　　　F_i——各类汇水面的面积，hm^2。

各类汇水面的雨量径流系数　　　　　　　　表 4-3

汇水面种类	雨量径流系数 φ	流量径流系数 ψ
绿化屋面（绿色屋顶，基质层厚度≥300 mm）	0.30～0.40	0.40
硬屋面、未铺石子的平屋面、沥青屋面	0.80～0.90	0.85～0.95
铺石子的平屋面	0.60～0.70	0.80

汇水面种类	雨量径流系数 φ	流量径流系数 ψ
混凝土或沥青路面及广场	0.80～0.90	0.85～0.95
大块石等铺砌路面及广场	0.50～0.60	0.55～0.65
沥青表面处理的碎石路面及广场	0.45～0.55	0.55～0.65
级配碎石路面及广场	0.40	0.40～0.50
干砌砖石或碎石路面及广场	0.40	0.35～0.40
非铺砌的土路面	0.30	0.25～0.35
绿地	0.15	0.10～0.20
水面	1.00	1.00
地下建筑覆土绿地（覆土厚度≥500 mm）	0.15	0.25
地下建筑覆土绿地（覆土厚度＜500 mm）	0.30～0.40	0.40
透水铺装地面	0.08～0.45	0.08～0.45
下沉广场（50 年及以上一遇）	—	0.85～1.00

注：以上数据参照《室外排水设计规范》（GB 50014）和《雨水控制与利用工程设计规范》（DB 11/685）。

6）对照统计分析法计算出的年径流总量控制率与设计降雨量的关系（或查表 4-1）确定各地块低影响开发雨水系统的年径流总量控制率；

7）各地块低影响开发雨水系统的年径流总量控制率经汇水面积与各地块综合雨量径流系数的乘积加权平均，得到城市规划范围低影响开发雨水系统的年径流总量控制率；

8）重复 2）～6），直到满足城市总体规划阶段提出的年径流总量控制率目标要求，最终得到各地块的低影响开发设施的总调蓄容积，以及对应的下沉式绿地率及其下沉深度、透水铺装率、绿色屋顶率、其他调蓄容积等单项或组合控制指标，并参照式 4-1 将各地块中低影响开发设施的总调蓄容积换算为"单位面积控制容积"作为综合控制指标。特别注意，本计算过程中的调蓄容积不包括用于削减峰值流量的调节容积；

9）对于径流总量大、红线内绿地及其他调蓄空间不足的用地，需统筹周边用地内的调蓄空间共同承担其径流总量控制目标时（如城市绿地用于消纳周边道路和地块内径流雨水），可将相关用地作为一个整体，并参照以上方法计算相关用地整体的年径流总量控制率后，参与后续计算。

对于规划区域内绿地空间或其他调蓄空间充足的地块，可根据总体规划阶段提出的年径流总量控制率对应的设计降雨量，参照式（4-1）直接计算各地块的各单项控制指标及综合控制指标，有条件的还可考虑接纳周边地块的径流雨水。

1.4 对《指南》指标分解的思考

（1）《指南》分解方法适用阶段及分解步骤存在问题

《指南》的分解方法更适用于详规和设计阶段。在城市总规、专项规划和控规阶段，无法对地块下垫面进行统计。在城市径流控制目标分解时直接从地区分解到地块两者规模差距过大，导致总控制目标对地块目标的指导性不强，两者难以衔接。在实际设计过程中，总体规划设计面积往往达数百乃至上千平方公里，而控制性详细规划控制的地块用地面积只有几公顷甚至更小，地块加权后的年径流控制率与规划目标容易偏离，可能导致大量的调整和试算工作（图 4-5）。

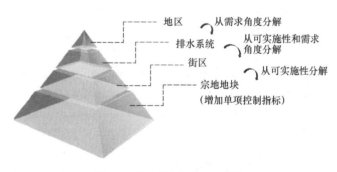

图 4-5 径流控制目标逐层分解

（2）对策——逐层分解，分类赋值

1）武汉市规划院的康丹提出三级分解法（以武汉市 Q 区为例）

增加分解的级数，缩小单极分解的跨度；层层核算，减少校核的工作量。

① 第一层分解到排水系统分区

排水系统分区控制目标　　　　　　　表 4-4

分区编号	面积 （km²）	现状雨量 径流系数	规划径流 控制目标
1	9.0	0.59	70%
2	13.5	0.51	80%
合计	22.5	0.54	76%

②第二层分解到街区（城市道路围合的地块）

首先按照属性将用地划分为道路、绿地、水体、开发地块等，道路和开发地块再按照规划新建、现状保留和已建拟更新改造划分为三类；然后考虑可行性、生态敏感性等影响因子分类对年径流总量控制率进行赋值，再对

图 4-6　排水系统分区图

包含一种以上用地类型的地块进行加权，生成街区和道路的综合年径流总量控制率，具体见表 4-5。

武汉 Q 区年径流总量控制率目标分类赋值统计　　表 4-5

项　　目	建设情况	年径流总量控制率 目标赋值（%）
道路	现状改造	30
	规划新建	85
绿地	现状和新建绿地	85

项　目	建设情况	年径流总量控制率 目标赋值（％）
开发地块（公建、居住、 商业等）	现状保留区	60
	三旧改造区	75
	规划新建区	85
水体	不包含调蓄湖泊	100
其他	铁路	60

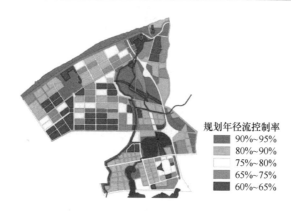

规划年径流控制率
■ 90%～95%
■ 80%～90%
□ 75%～80%
■ 65%～75%
■ 60%～65%

图 4-7　街区年径流总量控制率目标分解图

街区年径流总量控制率调整值一览表　　表 4-6

已建保留用地占比＼指标调整量＼ 内涝风险等级	低风险	中风险	高风险
≥60％	－10％	－5％	0
30～60％	－5％	0	＋5％
≤30％	0	＋5％	＋10％

③ 第三层分解到宗地（对业主）

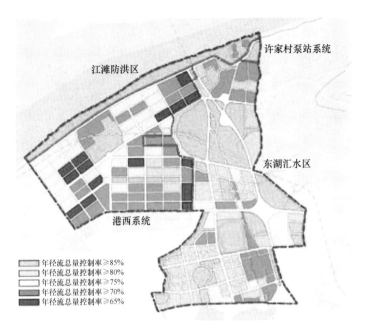

图 4-8　街区控制率目标图

<table>
<tr><td colspan="3" align="center">**目标分解到宗地**　　　　　　　　　　　　表 4-7</td></tr>
<tr><th>宗地</th><th>面积</th><th>雨量径流系数</th></tr>
<tr><td>屋面</td><td>A_1</td><td>Ψ_1</td></tr>
<tr><td>绿色屋顶</td><td>A_2</td><td>Ψ_2</td></tr>
<tr><td>绿地</td><td>A_3</td><td>Ψ_3</td></tr>
<tr><td>下凹绿地</td><td>A_4</td><td>Ψ_4</td></tr>
<tr><td>硬化铺装</td><td>A_5</td><td>Ψ_5</td></tr>
<tr><td>透水铺装</td><td>A_6</td><td>Ψ_6</td></tr>
<tr><td>硬化路面</td><td>A_7</td><td>Ψ_7</td></tr>
<tr><td>透水路面</td><td>A_8</td><td>Ψ_8</td></tr>
<tr><td>水面率</td><td>A_9</td><td>Ψ_9</td></tr>
</table>

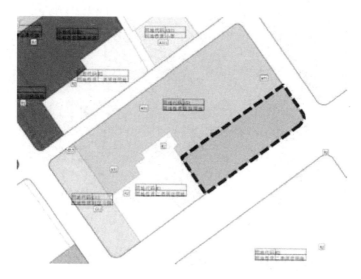

图 4-9　目标分解到宗地

三级分解法分析表　　　　　　　　　　　　表 4-8

	第一层分解到排水系统分区	第二层分解到街区（城市道路围合的地块）	第三层分解到宗地（对业主）
规划阶段	总规或分区规划	专项规划或控制性详细规划	修建性详细规划
分解条件	城市年径流总量控制目标、排水系统分区	用地规划图及平衡表、城市用地及道路建设信息	用地控制参数及下垫面参数（用地属性、屋面率、绿地率、道路占比、水面占比等） 低影响开发控制指标体系
分解方法	根据受纳水体的环境保护需求赋值	1. 按照城市用地属性和建设情况进行用地解析 2. 对不同用地属性的径流控制率进行赋值 3. 加权生成各街区的综合径流控制率	与《指南》一致

	第一层分解到排水系统分区	第二层分解到街区（城市道路围合的地块）	第三层分解到宗地（对业主）
附加分析		街区目标值优化回归 目的：确保分系统控制目标达标，提高街区控制目标合理性。 手段：1. 设定街区控制目标取值范围（65%～85%）；2. 考虑影响因子进行调整和优化	

2）深圳市规划院的胡爱兵、任心欣等提出运用 SWMM 模型验证推荐赋值的逐层分解法

具体分解方法参考本文第二部分。

两种分解方法对比 表 4-9

规划单位	武汉规划院	深圳规划院
第一级	分解到排水分区 方法：面积加权平均	分解到三类建设区（新建区、改造区、建成区） 方法：定性分解，得出各区年径流控制体积
第二级	分解到街区（城市道路围合地块） 方法：各类用地赋推荐值街区目标值优化回归	分解到建设项目（对应用地性质） 方法：各类用地赋推荐值
第三级	分解到宗地 方法：与《指南》一致	分类构建低影响开发指标体系 方法：各类用地的单项指标赋推荐值
运用模型验证	选取多个地块样本，通过下垫面统计和模型模拟等方法对各类用地年径流总量控制率目标赋值的可达性进行研究	运用 SWMM 分别验证各类用地的年径流总量控制率是否达标

2 以深圳市龙华新区为例进行控制目标分解

2.1 分解方法及推荐赋值

（1）新区现状

龙华新区（以下简称新区）位于深圳市中北部，总面积 175.58km²。新区现状建成度较高，现状城市建设区面积占总面积的 61%，其余为生态控制线内用地。通过对新区现状下垫面进行解析，将新区下垫面分为绿地（包括生态区）、水体（包括生态区水库）、屋面、路面、裸土、铺装六类，其比例分别为 42%、5%、16%、16%、1% 和 20%。新区年均降雨量 1723mm，降雨时空分布不均，4～9 月份为雨季，占全年降雨量的 85% 以上。

（2）年径流总量控制率

根据《海绵城市建设技术指南——低影响开发雨水系统构建》（建城函 [2014] 275 号），新区地处 Ⅴ 区，年径流总量控制率应处于 60%～85% 之间。新区年径流总量控制率取 60%。

统计分析深圳市近 40 年的降雨资料，深圳市 60% 的年径流总量控制率对应的降雨厚度为 20mm，即新区单位面积用地如具有 20mm 的径流控制能力，则能控制全年降雨的 60% 以上。

为便于目标分解，新区年降雨径流总量控制率目标可转换为雨水径流控制体积。新区 60% 年径流总量控制率对应的降雨厚度为 20mm。

（3）分解总体思路

新区城市建设区面积大约为 110km²，计算可知城市建设区径流控制体积目标为 220 万 m³。

根据建设状态，将新区城市建设区分为现状建成区、新建区和改造区三大类。现状建成区均为已建区，不进行专门的低冲击开发改造；因此，可以进行低冲击开发建设的区域为新建区和改造区。新建区结合新建项目建设，纳入低影响开发设施；改造区结合区域改造，因地制宜应用低影响开发技术设施。

对新区城市建设区而言，均是由每一个建设项目构成。因此，要确保新区低影响开发目标的实现，需将该目标分解至新区内的每一类建设项目（对应不同的用地性质）；对每一个具体的建设项目而言，又是由不同的下垫面（屋面、道路、广场、停车场、绿地等）构成，因此，最终需通过在建设项目各类下垫面综合应用多种低影响开发设施，实现建设项目低影响开发目标，进而实现新区总体目标。

（4）目标一次分解到各区

根据新建区和改造区的相关城市规划，确定新建区和改造区海绵城市目标如表所示。

新建区包括城市更新区的拆除重建部分和新建。新建区由于较易进行低冲击开发建设，年径流总量控制率目标最高（70%）。

改造区包括城市更新区的综合整治区与功能改变区，改造区由于只能伴随城市改造进行低冲击开发建设，改造区目标较新建区低，取50%。

现状建成区虽未进行专门的低冲击开发改造，但其本身所拥有的洼地、透水地面的蓄渗以及蒸发作用，也能削减一部分雨水径流。本次规划现状建成区年径流控制率取30%。

新区海绵城市目标一次分解 表 4-10

用地性质		面积（km²）	年径流控制率（%）	降雨厚度（mm）	年径流控制体积（万 m³）
城市建设区	新建区 城市更新区/拆除重建	7	70%	25	50
	新建区	13			
	改造区	4.83	50%	14	6.76
	现状建成区	85.15	30%	6.5	55.35

用地性质	面积 （km²）	年径流 控制率 （%）	降雨厚度 （mm）	年径流控 制体积 （万 m³）
合计	110	—	—	112.11
新区径流控制体积目标值	←	—	—	220
差值	—	—	—	−108

由表 4-10 可知，龙华新区城市建设区可控制雨水径流体积共计约 112 万 m³，还未达到 220 万 m³ 的控制目标，即新区仍存在 108 万 m³ 的雨水径流控制体积的缺口。该缺口将通过雨水调蓄设施进行填补。规划结合新区内观澜河"一河两岸"建设，在蓝线建设 5 座雨水调蓄池和 5 座雨水湿地，规模共计 90 万 m³。如该雨水调蓄设施每年满负荷运行超过两次，则可达到控制 108 万 m³ 雨水径流的目标。

（5）目标二次分解到各类用地

为将城市建设区低冲击开发目标分解至各类建设项目，将城市建设区（新建与改造，建成区不进行低影响开发改造）用地进行分类，分别制定不同性质用地的年径流总量控制率目标，如表 4-11 所示。

新区海绵城市目标二次分解 表 4-11

用地性质			新建区		改造区	
			年径流 控制率 （%）	降雨 厚度 mm	年径流 控制率 （%）	降雨 厚度 mm
城市建设区	居住类	居住用地（R）	70	25	60	20
	公共建筑类	商业服务业用地（C）、公共管理与服务设施用地（GIC）	65	23	55	17
	工业类	工业用地（M），仓储用地（W）	60	20	55	17
	道路广场	交通设施用地（S），广场用地（G4）	45	12	40	10
	绿地	公园绿地（G1）	75	33	75	33

注：用地代码参考《深圳市城市规划标准与准则》（2013 版）。

（6）各类用地低影响开发指标推荐赋值

为了保障每一类建设项目达到相应的低冲击开发指标，构建四个低影响开发控制指标，各类建设项目低影响开发指标及其推荐值详见表4-12，各建设项目可根据具体情况因地制宜采用。

各类建设项目低影响开发控制指标推荐值（暂定）　　表 4-12

低影响开发控制指标	居住类	公共建筑类	工业类	道路广场	绿地
绿地下沉比例	≥60%	≥40%	≥60%	≥80%	≥30%
绿色屋顶覆盖比例	—	20%～30%	30%～60%	—	—
人行道、停车场、广场透水铺装比例	≥90%	≥50%	≥60%	≥90%	≥80%
不透水下垫面径流控制比例	≥60%	≥40%	≥50%	≥80%	100%

注：1. 绿地下沉比例：指高程低于周围汇水区域的低影响开发设施（含下凹式绿地、雨水花园、渗透设施、具有调蓄功能的水体等）的面积占绿地总面积的比例；

　　2. 绿色屋顶覆盖比例：绿色屋顶的面积占建筑屋顶总面积的比例；

　　3. 人行道、停车场、广场透水铺装比例：人行道、停车场、广场采用透水铺装的面积占其总面积的比例；

　　4. 不透水下垫面径流控制比例：径流能引入周边低影响开发设施处理的不透水下垫面的面积与总不透水下垫面面积的比值。

2.2　案例核验指标赋值是否达标

下面以居住类用地为例，采用 SWMM 模型评估图 4-11 的低影响开发目标的可达性及指标合理性（图 4-10、表 4-13、表 4-14）。

居住类项目下垫面构成　　表 4-13

建设项目类型	绿地率	建筑覆盖率	道路广场比例	铺装比例
居住类	30%	30%	20%	20%

居住类项目低影响开发设施比例　　　　表 4-14

用地类型	绿地下沉比例	绿色屋顶覆盖比例	人行道、停车场、广场透水铺装比例	不透水下垫面径流控制比例
居住类	18%	—	18%	31.2%

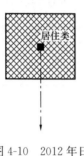

图 4-10　2012 年日降雨分布图

根据上述低影响开发设施布局方案，建立 SWMM 模型如图 4-11 所示。采用深圳市龙华新区某雨量站 2012 年 5min 滑动雨量记录数据，经处理后得到全年逐分钟瞬时雨量，该站 2012 年记录降雨总量为 1723.20mm，接近深圳市多年平均降雨量。

模型运行结果如表 4-15 所示，可知居住类用地赋值可以达标。

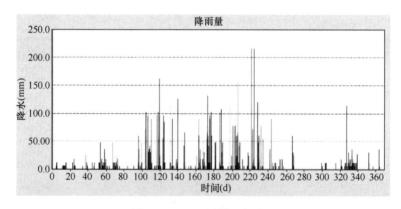

图 4-11　SWMM 模型界面图

居住类用地模拟结果　　　　表 4-15

用地类型	总降雨（mm）	总蒸发量（mm）	总入渗量（mm）	总径流量（mm）	年综合雨量径流系数
居住类	1723.2	461	770	492	0.29
居住类用地年径流总量控制率目标		≥70%			
模拟结果		达标			

注：年综合雨量径流系数为 0.29，即对应年径流总量控制率为 71%。

采用相同的方法对其他四类建设项目进行模拟评估，结果都可达标，见表4-16。

各类用地低影响开发模拟结果　　　　　　表 4-16

低影响开发控制指标	居住类	公共建筑类	工业类	道路广场	绿地
低影响开发目标（年径流总量控制率）	70%	65%	60%	45%	75%
绿地下沉比例	≥60%	≥40%	≥60%	≥80%	≥30%
绿色屋顶覆盖比例	—	20%～30%	30%～60%	—	—
人行道、停车场、广场透水铺装比例	≥90%	≥50%	≥60%	≥90%	≥80%
不透水下垫面径流控制比例	≥60%	≥40%	≥50%	≥80%	100%
模型评估结果（年径流总量控制率）	71%	65%	64%	50%	77%

3 从年径流总量控制率分解到地块 LID 指标计算示例

本算例以研究组在《内蒙古兴安盟扎赉特旗的西山新区修建性详细规划设计项目》为例，选取西山新区的核心组团，将《指南》中的海绵城市单项 LID 指标分解到组团各地块，并运用 SWMM 软件验证这些 LID 指标赋值，是否保证组团在典型的降雨模拟中达到年径流总量控制率的要求，并将达标的 LID 指标纳入控规控制指标。

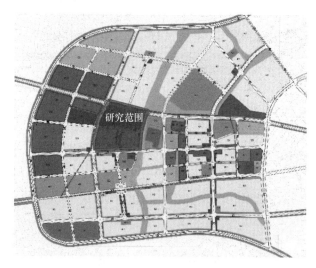

图 4-12　研究范围区位图

3.1　现 状 情 况

研究范围：西山新区核心组团，总用地为 29.6ha。用地性质：组团共 7 个地块，分别为居住用地、广场与道路用地、公园绿地、工业用地、商业用地以及居住用地。

气候概况：兴安盟属温带半干旱季风气候，四季分明。无霜期 95～145d，大部分地区 110～130d。年降水量平均为 400～450mm，雨热同期，适合一季作物生长。大部分地区日照在 2800～3100h 之间，中南部地区 10℃以上积温在 2200～3100℃之间。从北向南气温、积温、光照、无霜期递增，而降水量、相对湿度则递减。

降雨统计数据：本次模拟以兴安盟市乌兰浩特的 30 年降雨统计情况为计算依据（表 4-17）。

乌兰浩特气候情况统计表 表 4-17

乌兰浩特基本气候情况（据1971—2000年资料统计）												
	1月	2月	3月	4月	5月	6月	7月	8月	9月	10月	11月	12月
平均温度(℃)	−15.0	−11.1	−3.0	7.2	15.2	20.4	22.9	21.0	14.4	5.6	−4.9	−12.4
平均最高温度(℃)	−8.6	−4.0	3.8	14.3	22.2	26.5	28.1	26.9	21.3	12.6	1.2	−6.5
极端最高温度(℃)	6.0	11.7	23.5	31.7	38.3	40.3	39.7	37.1	32.5	29.9	18.9	7.7
平均最低温度(℃)	−20.3	−17.1	−9.6	0.0	7.7	14.3	17.8	15.4	8.0	−0.4	−9.9	−17.2
极端最低温度(℃)	−33.7	−31.2	−25.4	−13.6	−4.5	2.9	10.4		−3.5	−17.4	−26.3	−32.9
平均降水量(毫米)	1.3	2.3	4.8	14.8	28.8	93.4	148.6	89.4	37.8	16.8	3.2	1.9
降水天数(日)	1.6	2.5	3.2	3.9	6.8	12.3	13.8	10.9	7.3	3.9	2.7	2.6
平均风速(米/秒)	2.5	2.6	3.4	4.1	3.9	3.0	2.5	2.2	2.6	2.9	2.9	2.5

由统计数据看出，兴安盟地区降水主要集中在 6～8 月雨季，尤其是 7 月，集中了全年约三分之一的降雨，而 7 月的降雨天数平均为 13.8d，降雨日平均降雨量约为 10.8mm（表 4-18）。

降雨量等级划分 表 4-18

降雨名称	1小时降雨量（mm）	12小时降雨量（mm）	24小时降雨量（mm）
特大暴雨		大于140mm以上	大于200mm以上
大暴雨		70.0～140.0	100.1～200

降雨名称	1小时降雨量（mm）	12小时降雨量（mm）	24小时降雨量（mm）
暴雨	大于等于16mm以上	30.1～70	50.1～100
大雨	8.1～15	15.1～30	25.1～50
中雨	2.6～8.0	5.1～15	10.1～25
小雨	小于等于2.5mm以下	0.1～5	小于等于10mm以下

年径流总量控制率确定：依据《指南》，兴安盟属于Ⅱ区（80%≤α≤85%），项目地为新区，所以年径流总量控制率取高值85%。

3.2 指标分解步骤

3.2.1 导入规划用地图，绘制排水地图

将土地利用规划图导入SWMM模型。绘制汇水子流域，以各地块道路红线为界，将各地块的坡度、高程输入，绘制排水节点、排放口，连接节点的排水管，输入排水管径（图4-13、表4-19）。

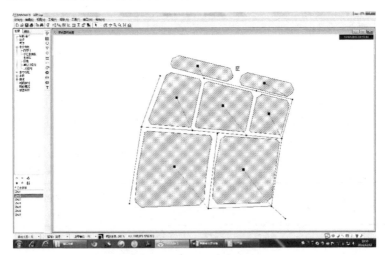

图4-13 子汇水区绘制示意图

子汇水区面积统计表		表 4-19
子汇水面积编号	用地性质	用地面积（ha）
ZMJ1	商业用地	3.00
ZMJ2	商业用地	3.01
ZMJ3	工业用地	1.80
ZMJ4	道路广场用地	1.20
ZMJ5	公园绿地	1.00
ZMJ6	居住用地	7.30
ZMJ7	居住用地	5.50

3.2.2 添加雨量计

在 SWMM 绘制雨量计，输入降雨时间序列，本次模拟考虑到项目地为半干旱季风气候区，雨季每场降雨历时较短，雨量以小到中雨为主，本次模拟以 4h 总降雨量为 12mm 的中雨为例。高峰雨量为 6mm/h。

由于缺乏当地的详细降雨数据，本次模拟认为，该场中雨具有代表性，若模拟达标则可认为全年综合径流控制率达标。

3.2.3 分析地块下垫面构成

根据用地性质，分析下垫面参数，一般可根据地块实际情况或控规指标，或设计经验赋值。本次模拟由于修规方案已完成，所以根据实际设计情况赋值。（表 4-20～表 4-24）

居住用地下垫面构成	表 4-20
下垫面种类	各类下垫面比例
绿地率	30.00%
建筑覆盖率（建筑密度）	30.00%
道路比例	20.00%
铺装比例	20.00%

商业用地下垫面构成   表 4-21

下垫面种类	各类下垫面比例
绿地率	15.00%
建筑覆盖率	45.00%
道路比例	20.00%
铺装比例	20.00%

工业用地下垫面构成   表 4-22

下垫面种类	各类下垫面比例
绿地率	20.00%
建筑覆盖率	40.00%
道路比例	20.00%
铺装比例	20.00%

道路广场用地下垫面构成   表 4-23

下垫面种类	各类下垫面比例
绿地率	30.00%
建筑覆盖率	—
道路比例	20.00%
铺装比例	50.00%

公园绿地下垫面构成   表 4-24

下垫面种类	各类下垫面比例
绿地率	75.00%
建筑覆盖率	5.00%
道路比例	10.00%
铺装比例	10.00%

3.2.4 设置 LID 参数，将指标分解至地块，见表 4-25～表 4-30。

各类规划用地的 LID 设施控制指标 表 4-25

低影响开发 控制指标	居住类	公共建筑类 （商业用地）	工业类	道路广 场类	公园、 绿地类
绿地下沉比例	≥60%	≥40%	≥60%	≥80%	≥30%
绿色屋顶覆盖比例	—	20%～30%	30%～60%	—	—
人行道、停车场、 广场透水铺装比例	≥90%	≥50%	≥70%	≥90%	≥80%
不透水下垫面 径流控制比例	≥60%	≥40%	≥50%	≥85%	100%

将以上指标与各类规划用地的下垫面指标相叠加，得出输入 SWMM 的 LID 参数。

居住用地的 LID 参数 表 4-26

低影响开发 控制指标	比例	LID 设施	占地块比例	不透水下垫面 径流控制比例
绿地下沉比例	60%	下沉绿地	9%	15%
		雨水花园	9%	15%
绿色屋顶	—	—	—	—
人行道、停车场、 广场透水铺装比例	90%	透水铺装	36%	30%
合计				60%

商业用地的 LID 参数 表 4-27

低影响开发 控制指标	比例	LID 设施	占地块比例	不透水下垫面 径流控制比例
绿地下沉比例	40%	下沉绿地	3%	5%
		雨水花园	3%	5%
绿色屋顶	30%	绿色屋顶	13.5%	15%
人行道、停车场、 广场透水铺装比例	50%	透水铺装	20%	15%
合计				40%

工业用地的 LID 参数　　表 4-28

低影响开发控制指标	比例	LID 设施	占地块比例	不透水下垫面径流控制比例
绿地下沉比例	60%	下沉绿地	6%	7.5%
		雨水花园	6%	7.5%
绿色屋顶	60%	绿色屋顶	24%	15%
人行道、停车场、广场透水铺装比例	70%	透水铺装	28%	20%
合计				50%

道路广场用地的 LID 参数　　表 4-29

低影响开发控制指标	比例	LID 设施	占地块比例	不透水下垫面径流控制比例
绿地下沉比例	80%	下沉绿地	12%	22.5%
		雨水花园	12%	22.5%
绿色屋顶	—	—	—	—
人行道、停车场、广场透水铺装比例	90%	透水铺装	63%	40%
合计				85%

公园绿地的 LID 参数　　表 4-30

低影响开发控制指标	比例	LID 设施	占地块比例	不透水下垫面径流控制比例
绿地下沉比例	30%	下沉绿地	11.25%	25%
		雨水花园	11.25%	25%
绿色屋顶	—	—	—	—
人行道、停车场、广场透水铺装比例	80%	透水铺装	16%	50%
合计				100%

本次雨水花园及下沉绿地的蓄水深度设置为 200mm，绿色屋顶的蓄水深度设置为 150mm。

SWMM 模拟报告及专题图

1）模拟报告

注意：本报告显示每一计算时间步长求得的总结性统计结果，不仅为每一报告时间步长求得的。

一、分析选项

流量单位 ·················· LPS

过程模型：

降雨/径流 ·············· 有

雪融 ················· 无

地下水 ················ 无

流量演算 ·············· 有

允许积水 ·············· 否

水质 ················· 无

渗入方法 ················ GREEN _ AMPT

流量演算方法 ·············· KINWAVE

开始日期 ················ DEC-07-2016 00：00：00

结束日期 ················ DEC-07-2016 12：00：00

前期干旱日 ··············· 0.0

报告时间步长 ·············· 00：15：00

湿润时间步长 ·············· 00：05：00

干旱时间步长 ·············· 01：00：00

演算时间步长 ·············· 60.00 sec

二、径流量连续性

表 4-31

	容积（ha）	深度（mm）
总降水	0.274	12.000
蒸发损失	0.000	0.000
渗入损失	0.180	7.896

	容积（ha）	深度（mm）
地表径流	0.028	1.216
最终地表蓄水	0.066	2.909
连续性误差（%）	−0.174	—

三、流量演算连续性

表 4-32

	容积 （ha）	容积 （10^6 L）
旱季进流量	0.000	0.000
雨季进流量	0.028	0.277
地下水进流量	0.000	0.000
RDII 进流量	0.000	0.000
外部进流量	0.000	0.000
外部出流量	0.028	0.277
内部出流量	0.000	0.000
蓄水损失	0.000	0.000
初始蓄水容积	0.000	0.000
最终蓄水容积	0.000	0.000
连续性误差（%）	0.300	—

四、最大流量不稳定性索引

管段 GQ8（1）

管段 GQ7（1）

管段 GQ13（1）

管段 GQ14（1）

五、演算时间步长总结

最小时间步长：60.00

平均时间步长：60.00

最大时间步长：60.00

稳态百分比：0.00

每步平均迭代次数：1.16

六、子汇水面积径流总结

表 4-33

子汇水面积	总降水 mm	总流入 mm	总蒸发 mm	总渗入 mm	总径流 mm	总径流 mm	高峰径流 10^6 ltr	径流系数 LPS
ZMJ1	12.00	0.00	0.00	6.39	2.53	0.08	10.575	0.211
ZMJ2	12.00	0.00	0.00	6.39	2.53	0.08	10.619	0.211
ZMJ3	12.00	0.00	0.00	6.45	1.08	0.02	2.700	0.090
ZMJ4	12.00	0.00	0.00	8.99	0.12	0.00	0.195	0.010
ZMJ5	12.00	0.00	0.00	7.52	0.37	0.00	1.395	0.031
ZMJ6	12.00	0.00	0.00	9.14	0.55	0.04	5.597	0.046
ZMJ7	12.00	0.00	0.00	8.20	1.10	0.06	8.433	0.092

七、LID 性能总结

表 4-34

Sub catchment	LID Control	Total In flow mm	Evap Loss mm	Infil Loss mm	Surface Out flow mm	Drain Out flow mm	Init. Storage mm	Final Storage mm	Pcnt. Error
ZMJ1	透水铺装	18.33	0.00	18.36	0.00	0.00	0.00	0.00	−0.17
ZMJ1	绿色屋顶	16.69	0.00	1.59	0.00	0.00	0.00	15.14	−0.29
ZMJ1	下沉绿地	19.03	0.00	1.78	0.00	0.00	0.00	17.30	−0.29
ZMJ2	透水铺装	18.33	0.00	18.36	0.00	0.00	0.00	0.00	−0.16
ZMJ2	绿色屋顶	16.69	0.00	1.59	0.00	0.00	0.00	15.15	−0.29

Sub catchment	LID Control	Total In flow mm	Evap Loss mm	Infil Loss mm	Surface Out flow mm	Drain Out flow mm	Init. Storage mm	Final Storage mm	Pcnt. Error
ZMJ2	下沉绿地	19.03	0.00	1.78	0.00	0.00	0.00	17.31	−0.29
ZMJ3	透水铺装	13.54	0.00	13.57	0.00	0.00	0.00	0.00	−0.22
ZMJ3	绿色屋顶	13.35	0.00	1.33	0.00	0.00	0.00	12.06	−0.31
ZMJ3	下沉绿地	14.70	0.00	1.44	0.00	0.00	0.00	13.30	−0.30
ZMJ4	透水铺装	12.49	0.00	12.52	0.00	0.00	0.00	0.00	−0.23
ZMJ4	下沉绿地	13.46	0.00	1.34	0.00	0.00	0.00	12.16	−0.31
ZMJ5	透水铺装	23.52	0.00	21.24	2.31	0.00	0.00	0.00	−0.17
ZMJ5	下沉绿地	20.19	0.00	1.91	0.00	0.00	0.00	18.34	−0.29
ZMJ6	透水铺装	13.15	0.00	13.18	0.00	0.00	0.00	0.00	−0.21
ZMJ6	下沉绿地	14.30	0.00	1.40	0.00	0.00	0.00	12.94	−0.30
ZMJ7	透水铺装	14.29	0.00	14.32	0.00	0.00	0.00	0.00	−0.20
ZMJ7	下沉绿地	16.59	0.00	1.59	0.00	0.00	0.00	15.05	−0.29

八、节点深度总结

表 4-35

节点	类型	平均深度米	最大深度米	最大HGL米	最大发生时间日 hr：min
J3	JUNCTION	0.00	0.01	35.01	0　04：00
J4	JUNCTION	0.00	0.01	34.01	0　04：01
J5	JUNCTION	0.00	0.02	33.02	0　03：55
J6	JUNCTION	0.02	0.09	33.09	0　04：00
J7	JUNCTION	0.02	0.09	32.09	0　04：00
J8	JUNCTION	0.01	0.05	35.05	0　04：00
J9	JUNCTION	0.00	0.00	34.00	0　00：00
J10	JUNCTION	0.01	0.03	33.03	0　03：07
J11	JUNCTION	0.00	0.00	37.00	0　00：00
J12	JUNCTION	0.00	0.00	36.00	0　00：00
J13	JUNCTION	0.00	0.00	37.00	0　00：00
J14	JUNCTION	0.02	0.09	30.09	0　03：42
PFK1	OUTFALL	0.02	0.09	28.09	0　03：42

九、节点进流量总结

表 4-36

节点	类型	最大边侧进流量 LPS	最大总进流量 LPS	最大发生时间 日 hr：min	边侧进流容积 10^6 L	总进流量容积 10^6 L
J3	JUNCTION	0.20	0.20	0　04：00	0.001	0.001
J4	JUNCTION	0.00	0.20	0　04：01	0.000	0.001
J5	JUNCTION	1.40	1.59	0　03：55	0.004	0.005
J6	JUNCTION	10.62	21.19	0　04：00	0.076	0.152
J7	JUNCTION	2.70	25.48	0　03：41	0.019	0.176
J8	JUNCTION	10.57	10.57	0　04：00	0.076	0.076
J9	JUNCTION	0.00	0.00	0　00：00	0.000	0.000
J10	JUNCTION	5.60	5.60	0　04：00	0.040	0.040

节点	类型	最大边侧进流量 LPS	最大总进流量 LPS	最大发生时间 日 hr：min	边侧进流容积 10⁶ L	总进流量容积 10⁶ L
J11	JUNCTION	0.00	0.00	0　00：00	0.000	0.000
J12	JUNCTION	0.00	0.00	0　00：00	0.000	0.000
J13	JUNCTION	0.00	0.00	0　00：00	0.000	0.000
J14	JUNCTION	8.43	39.50	0　03：42	0.061	0.277
PFK1	OUTFALL	0.00	39.48	0　03：42	0.000	0.277

十、节点超载总结

没有节点超载。

十一、节点洪流总结

没有节点发生洪水。

十二、排放口负荷总结

表 4-37

排放口节点	水流 Freq. Pcnt.	Avg. 流量 LPS	Max. 流量 LPS	总容积 10⁶ L
PFK1	67.96	9.40	39.48	0.277
系统	67.96	9.40	39.48	0.277

十三、管段流量总结

表 4-38

管段	类型	最大/流量 LPS	最大发生时间 日 hr：min	最大/流速 m/sec	最大/满流流量	最大/满流深度
GQ2	CONDUIT	10.57	0　04：00	1.33	0.07	0.17
GQ5	CONDUIT	0.21	0　04：06	0.35	0.00	0.03
GQ6	CONDUIT	0.20	0　04：01	0.39	0.00	0.03
GQ7	CONDUIT	1.62	0　04：01	0.64	0.01	0.08
GQ8	CONDUIT	25.47	0　03：42	1.68	0.16	0.27
GQ9	CONDUIT	0.00	0　00：00	0.00	0.00	0.00

管段	类型	最大/流量 LPS	最大发生时间 日 hr：min	最大/流速 m/sec	最大/满流流量	最大/满流深度
GQ10	CONDUIT	0.00	0 00：00	0.00	0.00	0.00
GQ11	CONDUIT	0.00	0 00：00	0.00	0.00	0.00
GQ13	CONDUIT	5.60	0 04：00	1.24	0.03	0.11
GQ14	CONDUIT	39.48	0 03：42	1.85	0.11	0.23
GQ15	CONDUIT	0.00	0 00：00	0.00	0.00	0.00
GQ16	CONDUIT	21.19	0 04：00	1.26	0.18	0.29

十四、管渠超载总结

没有管渠超载。

分析开始于：Thu Dec 08 11：08：47 2016

分析结束于：Thu Dec 08 11：08：47 2016

总需时：＜1 s

2）专题图

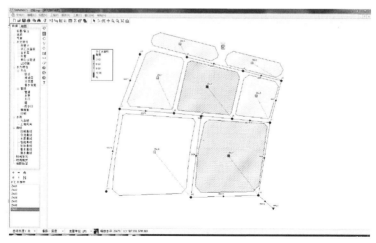

图 4-14　子汇水区面积专题图

85

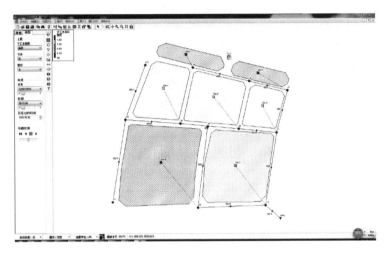

图 4-15　子汇水区坡度专题图

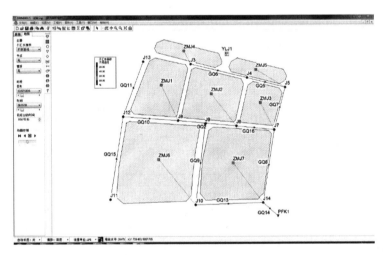

图 4-16　子汇水区不渗透性专题图

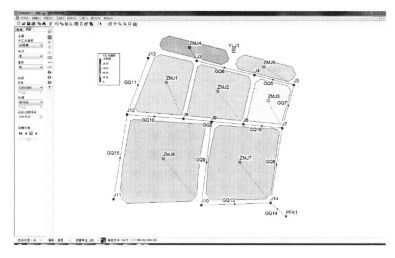

图 4-17　子汇水区 LID 控制比例专题图

结论

1）根据 SWMM 分析报告，对于该场中雨降雨来说，模拟区域的总径流控制率达标。

模拟结果　　　　　　　表 4-39

总降雨量（mm）	总径流量（mm）	总径流系数	总径流控制率	年径流总量控制率	模拟结果
12	1.22	0.10	90%	85%	达标

2）对于本项目来说，修规阶段的设计能满足年径流总量控制率的要求。

3）对于控规阶段，各类用地的 LID 设施配置指标，可以借鉴本次模拟的设置指标，作为各类用地出让、规划许可证要点之一，指导修建性详细规划的下阶段深化。

5 海绵城市专项规划与其他规划衔接要点

5 Sponge City Special Planning And Other Planning Convergence Points

目　　录

海绵城市专项规划与其他规划衔接，需要明确如何将海绵城市建设要求的规划内容分层级、分步骤地纳入到城市总体规划、控制性详细规划中的相关要求，特别是突出"总规定目标、控规定指标"的原则，将海绵城市相关目标要求变成各层级规划的有机组成部分。

　　通过海绵城市专项规划的编制，将雨水年径流总量控制率、径流污染控制率、排水防涝系统等有关控制指标和重要内容纳入城市总体规划，将海绵城市专项规划中明确需要保护的自然生态空间格局作为城市总体规划空间开发管制的要素之一；指导控制性详细规划尽可能考虑独立汇水区的因素，进一步将指标落实到地块和市政设施，奠定规划建设管控制度的基础；衔接城市竖向、道路交通、绿地系统、排水防涝等相关规划，将规划成果要点反馈给这些专项规划，并通过专项规划的进一步细化，确保海绵城市建设的协调推进。

1 城市总体规划

城市总体规划（含分区规划）应结合所在地区的实际情况，开展海绵城市的相关专题研究，在绿地率、水域面积率等相关指标基础上，增加年径流总量控制率等指标，纳入城市总体规划。同时针对生态格局、空间优化、紧凑开发、提出策略原则及目标。具体要点如下：

（1）将海绵城市生态空间格局纳入总规四区划定中，落实保护优先的原则，科学分析城市规划区内的山、水、林、田、湖等生态资源，尤其是要注意识别河流、湖泊、湿地、坑塘、沟渠等水生态敏感区，并纳入城市非建设用地（禁建区、限建区）范围。

（2）集约开发利用土地。合理确定城市空间增长边界和城市规模，防止城市无序化蔓延，提倡集约型开发模式，保障城市生态空间。

（3）规划指标体系构建。将包括年径流总量控制率等与海绵城市相关的指标，纳入到城市总体规划的指标体系中；并根据城市发展目标，分别提出各类指标近、中、远期的目标值。

（4）用地空间布局。合理规避城市内涝高风险区，确需安排用地的，应避开学校、医院、政府办公、交通主干道等重要用地类型；因地制宜的布局泵站、城市雨水调蓄设施和合流制溢流污染控制设施，并注意落实相关用地需求。协调海绵分区指标与用地功能布局，优化低洼地区用地。

（5）竖向规划。尊重自然本底，结合地形、地质、水文条件、年均降雨量及地面排水方式等因素合理确定城市竖向，并与防洪、排涝规划相协调。应预留和保护重要的雨水径流通道，识别城市低洼区、潜在湿地区域。

（6）蓝线、绿线划定。综合考虑自然山水生态格局，分析城市规划区内的河湖、湖泊、坑塘、沟渠、湿地等水面线位置以及水体消落带的分布，提出蓝线控制的宽度，科学划定城市蓝线和绿线，保护城市河湖水系及其周边对于生物多样性保护和水环境保障有重要作用的绿地，并与低影响开发雨水系统、城市雨水管渠系统及超标雨水径流排放系统相衔接。

（7）合理控制不透水面积。合理设定不同性质用地的绿地率、透水铺装率等指标，防止土地大面积硬化。

（8）合理控制地表径流。根据地形和汇水分区特点，合理确定雨水排水分区和排水出路，保护和修复自然径流通道，延长汇流路径，优先采用雨水花园、湿塘、雨水湿地等低影响开发设施控制径流雨水。

（9）明确海绵城市空间管控策略和重点建设区域。应根据城市的水文地质条件、用地性质、功能布局及近远期发展目标，综合经济发展水平等其他因素提出海绵城市空间管控策略及重点建设区域，并明确重点建设区域的年径流总量控制率目标。

2 控制性详细规划

控制性详细规划应协调相关专业，通过土地利用空间优化等方法，分解和细化城市总体规划及相关专项规划等上层级规划中提出的海绵城市建设控制目标及要求，结合建筑密度、绿地率等约束性控制指标，提出各地块的单位面积控制容积、下沉式绿地率及其下沉深度、透水铺装率、绿色屋顶率等控制指标，纳入地块规划设计要点，并作为土地开发建设的规划设计条件。

（1）明确各地块的海绵城市控制指标。将总体规划中的控制指标细化，根据城市用地分类的比例和特点，分类分解细化各地块的海绵城市控制指标。控制性详细规划应在城市总体规划或各专项规划确定的海绵城市控制目标（年径流总量控制率及其对应的设计降雨量）指导下，根据城市用地分类（R居住用地、A公共管理与公共服务用地、B商业服务业设施用地、M工业用地、W物流仓储用地、S交通设施用地、U公用设施用地、G绿地）的比例和特点进行分类分解，细化各地块的海绵城市控制指标。地块的控制指标可按城市建设类型（已建区、新建区、改造区）、不同排水分区或流域等分区制定。有条件的控制性详细规划也可通过水文计算与模型模拟，优化并明确地块的控制指标。

（2）合理组织地表径流，不得人为破坏汇水分区。统筹协调开发场地内建筑、道路、绿地、水系等布局和竖向，使地块及道路径流有组织地汇入周边绿地系统和城市水系，并完善城市雨水管渠系统和超标雨水径流排放系统，充分发挥海绵城市设施的作用。

（3）统筹落实和衔接各类海绵城市设施。根据各地块控制指标，合理确定地块内的海绵城市设施类型及其规模，做好不同地块之间设施之间的衔接，合理布局规划区内占地面积较大的海绵城市设施。

（4）落实海绵城市相关基础设施的用地，包括城市基础设施和城市生态设施规划。综合水环境、水生态、水安全、水资源等控制要求，确定重大工程设施布局、规模，如污水处理厂、集中式调蓄池的规模布局及水处理标准，确定截污干管等工程设施的布局。综合水环境、水生态、水安全、水资源等控制要求，确定生态设施，如大型公园绿地、湿地的规模及布局，并提出建设要求。

3 修建性详细规划

修建性详细规划应按照控制性详细规划的约束条件，绿地、建筑、排水、结构、道路等相关专业相互配合，采取有利于促进建筑与环境可持续发展的设计方案，落实具体的海绵城市专项规划设施的类型、布局、规模、建设时序、资金安排等，确保地块开发实现海绵城市的控制目标。

细化、落实上位规划确定的海绵城市控制指标。可通过水文、水力计算或模型模拟，明确建设项目的主要控制模式、比例及量值（下渗、储存、调节及弃流排放），以指导地块开发建设。编制技术要点包括建设条件分析、平面布局与设计、低影响开发设施设计、道路设计、竖向设计等设计过程中的海绵城市设计要点。

4 相 关 规 划

"相关规划"指由有关城市职能部门编制的专项规划，包括城市水系规划、城市节水规划、城市绿地系统规划、环境保护规划、城市道路交通规划、供水、排水防涝综合规划、竖向规划等城市基础设施专项规划。

4.1 城市水系规划

城市水系是城市生态环境的重要组成部分，也是城市径流雨水自然排放的重要通道、受纳体及调蓄空间，与海绵城市规划联系紧密。城市水系规划应在水系保护、水系利用、水系新建、涉水工程协调等方面落实海绵城市规划建设的相关要求。

（1）依据城市总体规划划定城市水域、岸线、滨水区，明确水系保护范围。城市开发建设过程中应落实城市总体规划明确的水生态敏感区保护要求，划定水生态敏感区范围并加强保护，确保开发建设后的水域面积应不小于开发前，已破坏的水系应逐步恢复（图 5-1）。

（2）保持城市水系结构的完整性，优化城市河湖水系布局，实现自然、有序排放与调蓄。城市水系规划应尽量保护与强化其对径流雨水的自然渗透、净化与调蓄功能，优化城市河道（自然排放通道）、湿地（自然净化区域）、湖泊（调蓄空间）布局与衔接，并与城市总体规划、排水防涝规划同步协调（图 5-2）。

（3）优化水域、岸线、滨水区及周边绿地布局，明确海绵城市控制指标。城市水系规划应根据河湖水系汇水范围，同步优化、调整蓝线周边绿地系统布局及空间规模，并衔接控制性详细规划，明确水系及周边地块海绵城市控制指标（图 5-3）。

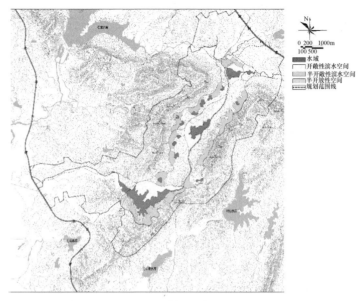

图 5-1

图 5-2

图 5-3

4.2　城市供水规划

明确城市供水规划中的水源保护区区域、比例等与海绵城市规划的生态空间格局、非建设用地等内容吻合，供需水量预测及平衡分析、供水管网的分布情况、建设年限、城市水源的供水保障率和水质达标率与海绵城市规划内容同步设计。

4.3　城市节水规划

水资源节约是海绵城市专项规划的主要目标之一，应考虑在节水对策与措施、非常规水资源规划利用（中水、污水、过境水、雨水）、地下水开发利用与保护、节水措施等部分与海绵城市的控制目标、雨水资源化利用、城市雨水管渠系统等方面衔接，避免节水措施重复规划、设施浪费等问题，实现水资源节约的目的。

4.4　城市排水防涝综合规划

海绵城市规划系统是城市内涝防治综合体系的重要组成，应与城市雨水管渠系统、超标雨水径流排放系统同步规划设计。城市排水系统规划、排水防涝综合规划等相关排水规划中，应结合当地条件确定海绵城市建设控制目标与建设内容，并满足《城市排水工程规划规范》（GB 50318）、《室外排水设计规范》（GB 50014）等相关要求。

（1）明确海绵城市径流总量控制目标与指标。通过对排水系统总体评估、内涝风险评估等，明确海绵城市雨水系统径流总量控制目标，并与城市总体规划、详细规划中海绵城市雨水系统的控制目标相衔接，将控制目标分解为单位面积控制容积等控制指标，通过建设项目的管控制度进行落实。

（2）确定径流污染控制目标及防治方式。应通过评估、分析径流污染对城市水环境污染的贡献率，根据城市水环境的要求，结合悬浮物（SS）等径流污染物控制要求确定年径流总量控制率，同时明确径流污染控制方式并合理选择海绵城市建设技术措施。

（3）明确雨水资源化利用目标及方式。应根据当地水资源条件及雨水回用需求，确定雨水资源化利用的总量、用途、方式和设施。

（4）与城市雨水管渠系统及超标雨水径流排放系统有效衔接。应最大限度地发挥海绵城市专项规划雨水系统对径流雨水的渗透、调蓄、净化等作用，低影响开发设施的溢流应与城市雨水管渠系统或超标雨水径流排放系统衔接。城市雨水管渠系统、超标雨水径流排放系统应与海绵城市专项规划同步规划设计，应按照《城市排水工程规划规范》（GB 50318）、《室外排水设计规范》（GB 50014）等规范相应重现期设计标准进行规划设计。

（5）优化海绵城市建设设施的竖向与平面布局。应利用城市绿地、广场、道路等公共开放空间，在满足各类用地主导功能的基础上合理布局海绵城市设施；其他建设用地应明确海绵城市建设控制目标与指标，并衔接其他内涝防治设施的平面布局与竖向，共同组成内涝防治系统（图 5-4）。

图 5-4

深圳市海绵城市专项规划中，雨水行泄通道规划中规划建设雨水行泄通道总长度为 214.2km，总设计流量达 9227.1m³/s。拟在珠江口流域布置前海深隧系统。雨水调蓄设施规划中规划建设雨水调蓄设施 97 处。与防洪设施的衔接，深圳市的防洪（潮）标准为 200 年一遇。除了大水坑河、高峰河、松岗河、沙井河、山厦河、东涌河、新大河等 7 条河道防洪（潮）标准为 20 年一遇外，其余河道均为 50～200 年一遇（图 5-5、图 5-6）。

图 5-5　深圳市内涝风险评估图

图 5-6　深圳市雨水行泄通道规划图

4.5 城市竖向规划

竖向规划是实现城市雨水径流控制和塑造生态优美景观等建设目标的重要规划技术。海绵城市竖向规划应结合地形、地质、水文条件、年均降雨量及地面排水方式等因素合理确定，并与防洪、排涝规划相协调。海绵城市竖向规划优化工作主要包括：

（1）现状分析。运用 GIS 等技术手段分析城市用地的竖向情况，包括用地的坡度、控制点高程、地面形式、场地高程、坡向、用地排水等；分析城市现状道路高程情况，包括道路的纵坡和排水情况；分析城市中重要的护坡、挡土墙、堤坝等防护工程情况。

（2）明确排水分区的主要坡向、坡度范围。通过竖向分析确定各个排水分区主要控制点高程、场地高程、坡向和坡度范围，并明确地面排水方式和路径。

（3）识别城市的低洼区、潜在湿地区域。通过城市竖向和土壤条件分析，识别城市现有竖向条件下的低洼区和潜在湿地区域，提出相应的竖向规划优化设计策略，以减少土方量和保护生态环境为原则，上述区域宜优先划定为水生态敏感区，列入禁建区或限建区进行管控；划定需要保留的超标雨水输送廊道，使之优先成为城市绿地系统与城市水系的重要组成部分，确定绿线和蓝线。

（4）利用模型模拟的方式方法，对现状和规划道路的控制高程进行模拟评价。识别出易涝节点，对道路控制点高程进行优化调整。如道路场地受限时，可将局部路段与周边用地进行协调设计，通过雨水措施进行雨水径流控制和蓄滞。易涝区周边的城市公共空间宜结合规划布局进行优化调整，设置为绿地或下沉式广场等具有海绵功能的用地。

（5）在编制跨越溢洪道、排涝河道、沟渠等过水设施的道路竖向设计时，其高程控制点应与满足过水设施防洪排涝标准的净空高度相协调。

4.6 城市绿地系统规划

城市绿地是建设海绵城市、构建低影响开发雨水系统的重要场地。城市绿地系统规划应明确低影响开发控制目标，在满足绿地生态、景观、游憩和其他基本功能的前提下，经由竖向设计，合理地预留或创造空间条件，对绿地自身及周边硬化区域的径流进行渗透、调蓄、净化，并与城市雨水管渠系统、超标雨水径流排放系统相衔接。优化布局低影响开发设施，实现复合生态功能。

（1）提出不同类型绿地的海绵城市建设目标和指标。根据绿地的类型和特点，明确公园绿地、附属绿地、生产绿地、防护绿地等各类绿地海绵城市建设目标、控制指标（如下沉式绿地率及其下沉深度等）和适用的海绵城市建设技术设施类型。

（2）合理确定城市绿地系统海绵城市设施的规模和布局。应统筹水生态敏感区、生态空间和绿地空间布局，落实海绵城市设施的规模和布局，充分发挥绿地的渗透、调蓄和净化功能。

（3）城市绿地应与周边汇水区域有效衔接。在明确周边汇水区域汇入水量，提出预处理、溢流衔接等保障措施的基础上，通过平面布局、地形控制、土壤改良等多种方式，将海绵城市专项规划设施融入绿地规划设计中，尽量满足周边雨水汇入绿地进行调蓄的要求。

（4）应符合园林植物种植及园林绿化养护管理技术要求。可通过合理设置绿地下沉深度和溢流口、局部换土或改良增强土壤渗透性能、选择适宜乡土植物和耐淹植物等方法，避免植物受到长时间浸泡而影响正常生长，影响景观效果。

（5）合理设置预处理设施。径流污染较为严重的地区，可采用初期雨水弃流、沉淀、截污等预处理措施，在径流雨水进入绿地前将部分污染物进行截流净化。

（6）充分利用多功能调蓄设施调控排放径流雨水。有条件地区可因地制宜规划布局占地面积较大的低影响开发设施，如湿

塘、雨水湿地等，通过多功能调蓄的方式，对较大重现期的降雨进行调蓄排放。（图 5-7）

图 5-7

4.7 城市道路交通规划

城市道路是径流及其污染物产生的主要场所之一，城市道路交通专项规划应落实海绵城市理念及控制目标，减少道路径流及污染物外排量。明确城市道路交通规划、在建及待建道路计划。保障交通安全和通行能力的前提下，尽可能通过合理的横、纵断面设计，结合道路绿化分隔带，充分滞蓄和净化雨水径流。

（1）提出各等级道路海绵城市建设控制目标。应在满足道路交通安全等基本功能的基础上，充分利用城市道路自身及周边绿地空间落实海绵城市建设设施，结合道路横断面和排水方向，利用不同等级道路的绿化带、车行道、人行道和停车场建设下沉式绿地、植草沟、雨水湿地、透水铺装、渗管/渠等设施，通过渗透、调蓄、净化方式，实现道路控制目标。

（2）协调道路红线内外用地空间布局与竖向。道路红线内绿化带不足，不能实现低海绵城市建设控制目标要求时，可由政府主管部门协调道路红线内外用地布局与竖向，综合达到道路及周边地块的控制目标。道路红线内绿地及开放空间在满足景观效果和交通安全要求的基础上，应充分考虑承接道路雨水汇入的功能，通过建设下沉式绿地、透水铺装等低影响开发设施，提高道路径流污染及总量等控制能力。

（3）道路交通规划应体现海绵城市规划设施。涵盖城市道路横断面、纵断面设计的专项规划，应在相应图纸中表达海绵城市设施的基本选型及布局等内容，并合理确定海绵城市规划系统与城市道路设施的空间衔接关系。有条件的地区应编制专门的海绵城市道路规划设计指引，明确各层级城市道路（快速路、主干路、次干路、支路）的海绵城市建设控制指标和控制要点，以指导道路相关规划和设计。（图 5-8）

图 5-8

4.8　环境保护专项规划

包括城市低碳发展规划、水土保持规划、水土流失治理规划、城市污染治理行动规划等环境保护专项规划，海绵城市专项规划在衔接时应针对内涝积水、水体黑臭、河湖水系生态功能受损等问题，按照源头减排、过程控制、系统治理的原则，制定积水点治理、截污纳管、合流制污水溢流污染控制和河湖水系生态修复等措施治理。

6 海绵城市建设技术措施选择方法

6 Sponge City Construction Technical
Measures selection Method

目　　录

1 技术模式类别

（1）雨水渗透；

（2）储存回用；

（3）峰值流量调节；

（4）综合调蓄。

可通过模式的单一或组合应用，实现径流总量控制、径流峰值控制、径流污染控制、雨水资源化利用等目标。

1.1 雨水渗透模式

适用条件：

1）土壤渗透条件较好（土壤渗透系数宜大于 $10\sim6\mathrm{cm/s}$）；

2）地下水位较低（距渗透面高差大于 1.0m）；

3）有空间布置设施（距建筑物基础不应小于 3.0（4.0）m）；

4）径流水质较好（如屋面雨水）；

5）无特殊雨水回用；

6）无内涝防治需求。

1.2 雨水储存回用模式

（1）适用条件：

1）有雨水回用需求；

2）汇水面径流水质较好时（如屋面雨水）；

3）汇水面日均可收集水量大于平均降雨间隔期间的回用水量时。

（2）用途选择次序：

1）"低质低用"原则；

2）景观用水→绿化用水→循环冷却用水→路面、地面冲洗用水→汽车冲洗用水→其他。

1.3 峰值流量调节模式

适用条件：

1）区域排水标准较低；

2）管网上下游排水标准不衔接；

3）管渠提标改造难度较大。

1.4 综合调蓄模式

适用条件：

1）雨水储存和调节模式的结合；

2）有条件地区，宜采用综合调蓄模式，实现多种雨水调蓄功能与综合控制目标。

2 技 术 选 择

2.1 技 术 类 型

1 按主要功能分为

1）渗透（渗）；

2）储存（蓄、用）；

3）调节（滞）；

4）转输（排）；

5）截污净化（净）。

2.2 单项设施功能

各类低影响开发技术又包含若干不同形式的低影响开发设施，主要有透水铺装、绿色屋顶、下沉式绿地、生物滞留设施、渗透塘、渗井、湿塘、雨水湿地、蓄水池、雨水罐、调节塘、调节池、植草沟、渗管/渠、植被缓冲带、初期雨水弃流设施、人工土壤渗滤等（表 6-1）。

低影响开发设施比选一览表 表 6-1

| 单项设施 | 功能 | | | | | 控制目标 | | | 处置方式 | | 经济性 | | 污染物去除率（以 SS 计，%） | 景观效果 |
	集蓄利用雨水	补充地下水	削减峰值流量	净化雨水	转输	径流总量	径流峰值	径流污染	分散	相对集中	建造费用	维护费用		
透水砖铺装	○	●	◎	◎	○	●	◎	◎	√	—	低	低	80～90	—
透水水泥混凝土	○	◎	◎	○	○	◎	○	○	√	—	高	中	80～90	—
透水沥青混凝土	○	◎	◎	◎	○	◎	◎	◎	√	—	高	中	80～90	—

单项设施	功能					控制目标			处置方式		经济性		污染物去除率(以SS计,%)	景观效果
	集蓄利用雨水	补充地下水	削减峰值流量	净化雨水	转输	径流总量	径流峰值	径流污染	分散	相对集中	建造费用	维护费用		
绿色屋顶	○	○	◎	◎	○	●	◎	◎	√	—	高	中	70~80	好
下沉式绿地	○	●	◎	◎	◎	●	◎	◎	√	—	低	低	—	一般
简易型生物滞留设施	○	●	◎	◎	◎	●	◎	◎	√	—	低	低	—	好
复杂型生物滞留设施	○	●	◎	●	○	●	◎	●	√	—	中	低	70~95	好
渗透塘	○	●	◎	◎	○	●	◎	◎		√	中	中	70~80	一般
渗井	○	●	◎	○	○	●	◎	◎	√	√	低	低	—	—
湿塘	●	○	◎	◎	○	●	●	●		√	高	中	50~80	好
雨水湿地	●	○	◎	●	○	●	●	●		√	高	中	50~80	好
蓄水池	●	○	◎	○	○	●	◎	◎		√	高	中	80~90	—
雨水罐	●	○	◎	○	○	●	◎	◎	√	—	低	低	80~90	—
调节塘	○	○	●	○	○	○	●	○		√	高	中	—	一般
调节池	○	○	●	○	○	○	●	○		√	高	中	—	—
转输型植草沟	◎	○	○	○	●	○	◎	◎	√	—	低	低	35~90	一般
干式植草沟	○	●	◎	○	●	●	◎	◎	√	—	低	低	35~90	好
湿式植草沟	○	○	○	●	●	○	◎	●	√	—	中	低	—	好
渗管/渠	○	◎	○	○	●	○	◎	◎		√	中	中	35~70	—
植被缓冲带	○	○	○	●	—	○	◎	●	√	—	低	低	50~75	一般
初期雨水弃流设施	◎	○	○	●	○	○	◎	●	√	—	低	中	40~60	—
人工土壤渗滤	●	○	○	●	○	○	◎	◎	—	√	高	中	75~95	好

注：1 ●——强 ◎——较强 ○——弱或很小；
　　2 SS去除率数据来自美国流域保护中心 (Center For Watershed Protection, CWP) 的研究数据。

2.3 选 用 依 据

低影响开发单项设施往往具有多个功能，如生物滞留设施的功能除渗透补充地下水外，还可削减峰值流量、净化雨水，实现径流总量、径流峰值和径流污染控制等多重目标。因此应根据设计目标灵活选用低影响开发设施及其组合系统。

选用依据不同类型用地功能、用地构成、土地利用布局、水文地质等特点（表 6-2）。

各类用地中低影响开发设施选用一览表   表 6-2

技术类型（按主要功能）	单项设施	用地类型			
		建筑与小区	城市道路	绿地与广场	城市水系
渗透技术	透水砖铺装	●	●	●	◎
	透水水泥混凝土	◎	◎	◎	◎
	透水沥青混凝土	◎	◎	◎	◎
	绿色屋顶	●	○	○	○
	下沉式绿地	●	●	●	●
	简易型生物滞留设施	●	●	●	◎
	复杂型生物滞留设施	●	●	●	◎
	渗透塘	●	◎	●	○
	渗井	●	◎	●	○
储存技术	湿塘	●	◎	●	●
	雨水湿地	●	●	●	●
	蓄水池	◎	○	◎	○
	雨水罐	●	○	○	○
调节技术	调节塘	●	◎	●	◎
	调节池	◎	◎	◎	○

技术类型 （按主要功能）	单项设施	用地类型			
		建筑与 小区	城市道路	绿地与 广场	城市水系
转输技术	转输型植草沟	●	●	●	◎
	干式植草沟	●	●	●	◎
	湿式植草沟	●	●	●	◎
	渗管/渠	●	●	●	○
截污净 化技术	植被缓冲带	●	●	●	●
	初期雨水弃流设施	●	◎	◎	○
	人工土壤渗滤	◎	○	◎	◎

注：●——宜选用　◎——可选用　○——不宜选用。

3 主要的技术措施构造与适用性

3.1 透 水 铺 装

（1）概念与构造

透水铺装按照面层材料不同可分为透水砖铺装、透水水泥混凝土铺装和透水沥青混凝土铺装，嵌草砖、园林铺装中的鹅卵石、碎石铺装等也属于渗透铺装。

透水铺装结构应符合《透水砖路面技术规程》（CJJ/T 188）、《透水沥青路面技术规程》（CJJ/T 190）和《透水水泥混凝土路面技术规程》（CJJ/T 135）的规定。透水铺装还应满足以下要求：

1）透水铺装对道路路基强度和稳定性的潜在风险较大时，可采用半透水铺装结构。

2）土地透水能力有限时，应在透水铺装的透水基层内设置排水管或排水板。

3）当透水铺装设置在地下室顶板上时，顶板覆土厚度不应小于 600 mm，并应设置排水层。透水砖铺装典型构造如图 6-1所示。

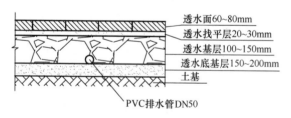

图 6-1　透水砖铺装典型构造

（2）适用性

透水砖铺装和透水水泥混凝土铺装主要适用于广场、停车场、人行道以及车流量和荷载较小的道路，如建筑与小区道路、市政道路的非机动车道等，透水沥青混凝土路面还可用于机动车道。透水铺装应用于以下区域时，还应采取必要的措施防止次生灾害或地下水污染的发生：

1）可能造成陡坡坍塌、滑坡灾害的区域，湿陷性黄土、膨胀土和高含盐土等特殊土壤地质区域。

2）使用频率较高的商业停车场、汽车回收及维修点、加油站及码头等径流污染严重的区域。

（3）优缺点

透水铺装适用区域广、施工方便，可补充地下水并具有一定的峰值流量削减和雨水净化作用，但易堵塞，寒冷地区有被冻融破坏的风险。

3.2 绿色屋顶

（1）概念与构造

绿色屋顶也称种植屋面、屋顶绿化等，根据种植基质深度和景观复杂程度，绿色屋顶又分为简单式和花园式，基质深度根据植物需求及屋顶荷载确定，简单式绿色屋顶的基质深度一般不大于150mm，花园式绿色屋顶在种植乔木时基质深度可超过600mm，绿色屋顶的设计可参考《种植屋面工程技术规程》（JGJ 155）。绿色屋顶的典型构造如图 6-2 所示。

（2）适用性

绿色屋顶适用于符合屋顶荷载、防水等条件的平屋顶建筑和坡度≤15°的坡屋顶建筑。

（3）优缺点

绿色屋顶可有效减少屋面径流总量和径流污染负荷，具有节能减排的作用，但对屋顶荷载、防水、坡度、空间条件等有严格要求。

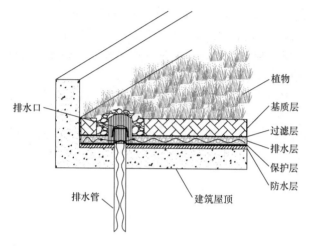

图 6-2 绿色屋顶典型构造

3.3 下沉式绿地

（1）概念与构造

下沉式绿地具有狭义和广义之分，狭义的下沉式绿地指低于周边铺砌地面或道路在 200mm 以内的绿地；广义的下沉式绿地泛指具有一定的调蓄容积（在以径流总量控制为目标进行目标分解或设计计算时，不包括调节容积），且可用于调蓄和净化径流雨水的绿地，包括生物滞留设施、渗透塘、湿塘、雨水湿地、调节塘等。

狭义的下沉式绿地应满足以下要求：

1）下沉式绿地的下凹深度应根据植物耐淹性能和土壤渗透性能确定，一般为 100～200mm。

2）下沉式绿地内一般应设置溢流口（如雨水口），保证暴雨时径流的溢流排放，溢流口顶部标高一般应高于绿地 50～100mm。狭义的下沉式绿地典型构造如图 6-3 所示。

（2）适用性

下沉式绿地可广泛应用于城市建筑与小区、道路、绿地和广

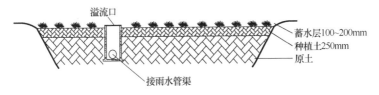

图 6-3 下沉式绿地典型构造

场内。对于径流污染严重、设施底部渗透面距离季节性最高地下水位或岩石层小于1m及距离建筑物基础小于3m（水平距离）的区域，应采取必要的措施防止次生灾害的发生。

（3）优缺点

狭义的下沉式绿地适用区域广，其建设费用和维护费用均较低，但大面积应用时，易受地形等条件的影响，实际调蓄容积较小。

3.4 生物滞留设施

（1）概念与构造

生物滞留设施指在地势较低的区域，通过植物、土壤和微生物系统蓄渗、净化径流雨水的设施。生物滞留设施分为简易型生物滞留设施和复杂型生物滞留设施，按应用位置不同又称作雨水花园、生物滞留带、高位花坛、生态树池等。

生物滞留设施应满足以下要求：

1）对于污染严重的汇水区应选用植草沟、植被缓冲带或沉淀池等对径流雨水进行预处理，去除大颗粒的污染物并减缓流速；应采取弃流、排盐等措施防止融雪剂或石油类等高浓度污染物侵害植物。

2）屋面径流雨水可由雨落管接入生物滞留设施，道路径流雨水可通过路缘石豁口进入，路缘石豁口尺寸和数量应根据道路纵坡等经计算确定。

3）生物滞留设施应用于道路绿化带时，若道路纵坡大于1%，应设置挡水堰/台坎，以减缓流速并增加雨水渗透量；设施靠近路基部分应进行防渗处理,防止对道路路基稳定性造成影响。

4)生物滞留设施内应设置溢流设施,可采用溢流竖管、盖篦溢流井或雨水口等,溢流设施顶一般应低于汇水面100mm。

5)生物滞留设施宜分散布置且规模不宜过大,生物滞留设施面积与汇水面面积之比一般为5%~10%。

6)复杂型生物滞留设施结构层外侧及底部应设置透水土工布,防止周围原土侵入。如经评估认为下渗会对周围建(构)筑物造成塌陷风险,或者拟将底部出水进行集蓄回用时,可在生物滞留设施底部和周边设置防渗膜。

7)生物滞留设施的蓄水层深度应根据植物耐淹性能和土壤渗透性能来确定,一般为200~300mm,并应设100mm的超高;换土层介质类型及深度应满足出水水质要求,还应符合植物种植及园林绿化养护管理技术要求;为防止换土层介质流失,换土层底部一般设置透水土工布隔离层,也可采用厚度不小于100mm的砂层(细砂和粗砂)代替;砾石层起到排水作用,厚度一般为250~300mm,可在其底部埋置管径为100~150mm的穿孔排水管,砾石应洗净且粒径不小于穿孔管的开孔孔径;为提高生物滞留设施的调蓄作用,在穿孔管底部可增设一定厚度的砾石调蓄层。

简易型和复杂型生物滞留设施典型构造如图6-4所示。

(2)适用性

生物滞留设施主要适用于建筑与小区内建筑、道路及停车场的周边绿地,以及城市道路绿化带等城市绿地内。对于径流污染严重、设施底部渗透面距离季节性最高地下水位或岩石层小于1m及距离建筑物基础小于3m(水平距离)的区域,可采用底部防渗的复杂型生物滞留设施。

(3)优缺点

生物滞留设施形式多样、适用区域广、易与景观结合,径流控制效果好,建设费用与维护费用较低;但地下水位与岩石层较

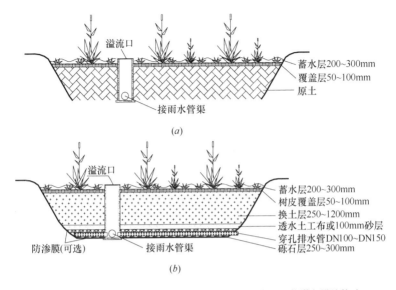

图 6-4 （a）简易型生物滞留设施构造；（b）复杂型生物滞留设施构造

高、土壤渗透性能差、地形较陡的地区，应采取必要的换土、防渗、设置阶梯等措施避免次生灾害的发生，将增加建设费用。

3.5 渗 透 塘

（1）概念与构造

渗透塘是一种用于雨水下渗补充地下水的洼地，具有一定的净化雨水和削减峰值流量的作用。渗透塘应满足以下要求：

1）渗透塘前应设置沉砂池、前置塘等预处理设施，去除大颗粒的污染物并减缓流速；有降雪的城市，应采取弃流、排盐等措施防止融雪剂侵害植物。

2）渗透塘边坡坡度（垂直：水平）一般不大于1：3，塘底至溢流水位一般不小于0.6m。

3）渗透塘底部构造一般为200～300mm的种植土、透水土工布及300～500mm的过滤介质层。

4）渗透塘排空时间不应大于24h。

5）渗透塘应设溢流设施，并与城市雨水管渠系统和超标雨水径流排放系统衔接，渗透塘外围应设安全防护措施和警示牌。渗透塘典型构造如图6-5所示。

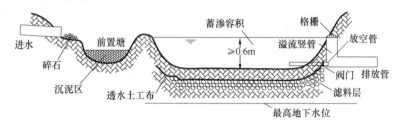

图6-5　渗透塘典型构造

（2）适用性

渗透塘适用于汇水面积较大（大于1hm²）且具有一定空间条件的区域，但应用于径流污染严重、设施底部渗透面距离季节性最高地下水位或岩石层小于1m及距离建筑物基础小于3m（水平距离）的区域时，应采取必要的措施防止发生次生灾害。

（3）优缺点

渗透塘可有效补充地下水、削减峰值流量，建设费用较低，但对场地条件要求较严格，对后期维护管理要求较高。

3.6　渗　　井

（1）概念与构造

渗井指通过井壁和井底进行雨水下渗的设施，为增大渗透效果，可在渗井周围设置水平渗排管，并在渗排管周围铺设砾（碎）石。渗井应满足下列要求：1）雨水通过渗井下渗前应通过植草沟、植被缓冲带等设施对雨水进行预处理。2）渗井的出水管的内底高程应高于进水管管内顶高程，但不应高于上游相邻井的出水管管内底高程。渗井调蓄容积不足时，也可在渗井周围连接水平渗排管，形成辐射渗井。辐射渗井的典型构造如图6-6所示。

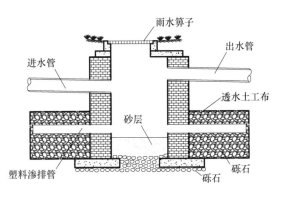

图 6-6　辐射渗井的典型构造

（2）适用性

渗井主要适用于建筑与小区内建筑、道路及停车场的周边绿地内。渗井应用于径流污染严重、设施底部距离季节性最高地下水位或岩石层小于 1m 及距离建筑物基础小于 3m（水平距离）的区域时，应采取必要的措施防止发生次生灾害。

（3）优缺点

渗井占地面积小，建设和维护费用较低，但其水质和水量控制作用有限。

3.7　湿　　塘

（1）概念与构造

湿塘指具有雨水调蓄和净化功能的景观水体，雨水同时作为其主要的补水水源。湿塘有时可结合绿地、开放空间等场地条件设计为多功能调蓄水体，即平时发挥正常的景观及休闲、娱乐功能，暴雨发生时发挥调蓄功能，实现土地资源的多功能利用。湿塘一般由进水口、前置塘、主塘、溢流出水口、护坡及驳岸、维护通道等构成。湿塘应满足以下要求：

1）进水口和溢流出水口应设置碎石、消能坎等消能设施，防止水流冲刷和侵蚀。

2）前置塘为湿塘的预处理设施，起到沉淀径流中大颗粒污染物的作用；池底一般为混凝土或块石结构，便于清淤；前置塘应设置清淤通道及防护设施，驳岸形式宜为生态软驳岸，边坡坡度（垂直：水平）一般为 1：2～1：8；前置塘沉泥区容积应根据清淤周期和所汇入径流雨水的 SS 污染物负荷确定。

3）主塘一般包括常水位以下的永久容积和储存容积，永久容积水深一般为 0.8～2.5m；储存容积一般根据所在区域相关规划提出的"单位面积控制容积"确定；具有峰值流量削减功能的湿塘还包括调节容积，调节容积应在 24～48h 内排空；主塘与前置塘间宜设置水生植物种植区（雨水湿地），主塘驳岸宜为生态软驳岸，边坡坡度（垂直：水平）不宜大于 1：6。

4）溢流出水口包括溢流竖管和溢洪道，排水能力应根据下游雨水管渠或超标雨水径流排放系统的排水能力确定。

5）湿塘应设置护栏、警示牌等安全防护与警示措施。湿塘的典型构造如图 6-7 所示。

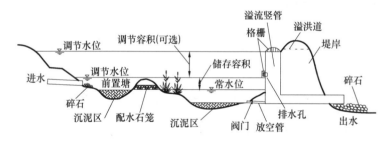

图 6-7　湿塘的典型构造

（2）适用性

湿塘适用于建筑与小区、城市绿地、广场等具有空间条件的场地。

（3）优缺点

湿塘可有效削减较大区域的径流总量、径流污染和峰值流量，是城市内涝防治系统的重要组成部分；但对场地条件要求较严格，建设和维护费用高。

3.8 雨 水 湿 地

（1）概念与构造

雨水湿地利用物理、水生植物及微生物等作用净化雨水，是一种高效的径流污染控制设施，雨水湿地分为雨水表流湿地和雨水潜流湿地，一般设计成防渗型以便维持雨水湿地植物所需要的水量，雨水湿地常与湿塘合建并设计一定的调蓄容积。雨水湿地与湿塘的构造相似，一般由进水口、前置塘、沼泽区、出水池、溢流出水口、护坡及驳岸、维护通道等构成。雨水湿地应满足以下要求：

1）进水口和溢流出水口应设置碎石、消能坎等消能设施，防止水流冲刷和侵蚀。

2）雨水湿地应设置前置塘对径流雨水进行预处理。

3）沼泽区包括浅沼泽区和深沼泽区，是雨水湿地主要的净化区，其中浅沼泽区水深范围一般为 0～0.3m，深沼泽区水深范围一般为 0.3～0.5m，根据水深不同种植不同类型的水生植物。

4）雨水湿地的调节容积应在 24h 内排空。

5）出水池主要起防止沉淀物的再悬浮和降低温度的作用，水深一般为 0.8～1.2m，出水池容积约为总容积（不含调节容积）的 10％。雨水湿地典型构造如图 6-8 所示。

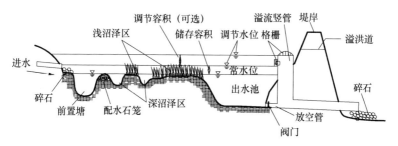

图 6-8 雨水湿地典型构造

（2）适用性

雨水湿地适用于具有一定空间条件的建筑与小区、城市道路、城市绿地、滨水带等区域。

（3）优缺点

雨水湿地可有效削减污染物，并具有一定的径流总量和峰值流量控制效果，但建设及维护费用较高。

3.9 蓄 水 池

（1）概念与构造

蓄水池指具有雨水储存功能的集蓄利用设施，同时也具有削减峰值流量的作用，主要包括钢筋混凝土蓄水池，砖、石砌筑蓄水池及塑料蓄水模块拼装式蓄水池，用地紧张的城市大多采用地下封闭式蓄水池。蓄水池典型构造可参照国家建筑标准设计图集《雨水综合利用》（10SS 705）。

（2）适用性

蓄水池适用于有雨水回用需求的建筑与小区、城市绿地等，根据雨水回用用途（绿化、道路喷洒及冲厕等）不同需配建相应的雨水净化设施；不适用于无雨水回用需求和径流污染严重的地区。

（3）优缺点

蓄水池具有节省占地、雨水管渠易接入、避免阳光直射、防止蚊蝇滋生、储存水量大等优点，雨水可回用于绿化灌溉、冲洗路面和车辆等，但建设费用高，后期需重视维护管理。

3.10 雨 水 罐

（1）概念与构造

雨水罐也称雨水桶，为地上或地下封闭式的简易雨水集蓄利用设施，可用塑料、玻璃钢或金属等材料制成。

（2）适用性

适用于单体建筑屋面雨水的收集利用。

（3）优缺点

雨水罐多为成型产品，施工安装方便，便于维护，但其储存容积较小，雨水净化能力有限。

3.11 调 节 塘

（1）概念与构造

调节塘也称干塘，以削减峰值流量功能为主，一般由进水口、调节区、出口设施、护坡及堤岸构成，也可通过合理设计使其具有渗透功能，起到一定的补充地下水和净化雨水的作用。调节塘应满足以下要求：

1）进水口应设置碎石、消能坎等消能设施，防止水流冲刷和侵蚀。

2）应设置前置塘对径流雨水进行预处理。

3）调节区深度一般为 0.6～3m，塘中可以种植水生植物以减小流速、增强雨水净化效果。塘底设计成可渗透时，塘底部渗透面距离季节性最高地下水位或岩石层不应小于 1m，距离建筑物基础不应小于 3m（水平距离）。

4）调节塘出水设施一般设计成多级出水口形式，以控制调节塘水位，增加雨水水力停留时间（一般不大于 24h），控制外排流量。

5）调节塘应设置护栏、警示牌等安全防护与警示措施。调节塘典型构造如图 6-9 所示。

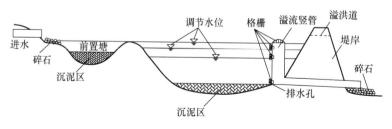

图 6-9 调节塘典型构造

（2）适用性

调节塘适用于建筑与小区、城市绿地等具有一定空间条件的区域。

（3）优缺点

调节塘可有效削减峰值流量，建设及维护费用较低，但其功能较为单一，宜利用下沉式公园及广场等与湿塘、雨水湿地合建，构建多功能调蓄水体。

3.12 调 节 池

（1）概念与构造

调节池为调节设施的一种，主要用于削减雨水管渠峰值流量，一般常用溢流堰式或底部流槽式，可以是地上敞口式调节池或地下封闭式调节池，其典型构造可参见《给水排水设计手册》（第5册）。

（2）适用性

调节池适用于城市雨水管渠系统中，削减管渠峰值流量。

（3）优缺点

调节池可有效削减峰值流量，但其功能单一，建设及维护费用较高，宜利用下沉式公园及广场等与湿塘、雨水湿地合建，构建多功能调蓄水体。

3.13 植 草 沟

（1）概念与构造

植草沟指种有植被的地表沟渠，可收集、输送和排放径流雨水，并具有一定的雨水净化作用，可用于衔接其他各单项设施、城市雨水管渠系统和超标雨水径流排放系统。除转输型植草沟外，还包括渗透型的干式植草沟及常有水的湿式植草沟，可分别提高径流总量和径流污染控制效果。植草沟应满足以下要求：

1）浅沟断面形式宜采用倒抛物线形、三角形或梯形。

2）植草沟的边坡坡度（垂直∶水平）不宜大于1∶3，纵坡不应大于4%。纵坡较大时宜设置为阶梯型植草沟或在中途设置消能台坎。

3）植草沟最大流速应小于0.8m/s，曼宁系数宜为0.2~0.3。

4）转输型植草沟内植被高度宜控制在100~200mm。转输型三角形断面植草沟的典型构造如图6-10所示。

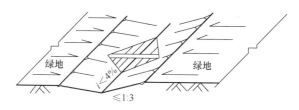

图6-10 转输型三角形断面植草沟的典型构造

（2）适用性

植草沟适用于建筑与小区内道路，广场、停车场等不透水面的周边，城市道路及城市绿地等区域，也可作为生物滞留设施、湿塘等低影响开发设施的预处理设施。植草沟也可与雨水管渠联合应用，场地竖向允许且不影响安全的情况下也可代替雨水管渠。

（3）优缺点

植草沟具有建设及维护费用低，易与景观结合的优点，但已建城区及开发强度较大的新建城区等区域易受场地条件制约。

3.14 渗管/渠

（1）概念与构造

渗管/渠指具有渗透功能的雨水管/渠，可采用穿孔塑料管、无砂混凝土管/渠和砾（碎）石等材料组合而成。渗管/渠应满足以下要求：

1）渗管/渠应设置植草沟、沉淀（砂）池等预处理设施。

2）渗管/渠开孔率应控制在1%~3%之间，无砂混凝土管的孔隙率应大于 20%。

3）渗管/渠的敷设坡度应满足排水的要求。

4）渗管/渠四周应填充砾石或其他多孔材料，砾石层外包透水土工布，土工布搭接宽度不应少于 200mm。

5）渗管/渠设在行车路面下时覆土深度不应小于 700mm。渗管/渠典型构造如图 6-11 所示。

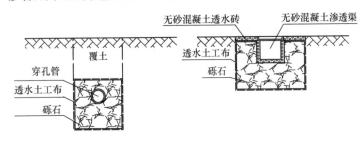

图 6-11　渗管/渠典型构造

（2）适用性

渗管/渠适用于建筑与小区及公共绿地内转输流量较小的区域，不适用于地下水位较高、径流污染严重及易出现结构塌陷等不宜进行雨水渗透的区域（如雨水管渠位于机动车道下等）。

（3）优缺点

渗管/渠对场地空间要求小，但建设费用较高，易堵塞，维护较困难。

3.15　植被缓冲带

（1）概念与构造

植被缓冲带为坡度较缓的植被区，经植被拦截及土壤下渗作用减缓地表径流流速，并去除径流中的部分污染物，植被缓冲带坡度一般为 2%～6%，宽度不宜小于 2m。植被缓冲带典型构造如图 6-12 所示。

（2）适用性

植被缓冲带适用于道路等不透水面周边，可作为生物滞留设

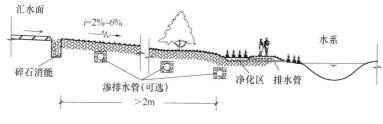

图 6-12　植被缓冲带典型构造

施等低影响开发设施的预处理设施，也可作为城市水系的滨水绿化带，但坡度较大（大于 6%）时其雨水净化效果较差。

（3）优缺点

植被缓冲带建设与维护费用低，但对场地空间大小、坡度等条件要求较高，且径流控制效果有限。

3.16　初期雨水弃流设施

（1）概念与构造

初期雨水弃流指通过一定方法或装置将存在初期冲刷效应、污染物浓度较高的降雨初期径流予以弃除，以降低雨水的后续处理难度。弃流雨水应进行处理，如排入市政污水管网（或雨污合流管网）由污水处理厂进行集中处理等。常见的初期弃流方法包括容积法弃流、小管弃流（水流切换法）等，弃流形式包括自控弃流、渗透弃流、弃流池、雨落管弃流等。初期雨水弃流设施典型构造如图 6-13 所示。

（2）适用性

初期雨水弃流设施是其他低影响开发设施的重要预处理设施，主要适用于屋面雨水的雨落管、径流雨水的集中入口等低影响开发设施的前端。

（3）优缺点

初期雨水弃流设施占地面积小，建设费用低，可降低雨水储存及雨水净化设施的维护管理费用，但径流污染物弃流量一般不

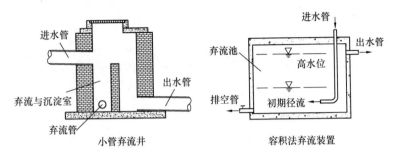

图 6-13　初期雨水弃流设施典型构造

易控制。

3.17　人工土壤渗滤

（1）概念与构造

人工土壤渗滤主要作为蓄水池等雨水储存设施的配套雨水设施，以达到回用水水质指标。人工土壤渗滤设施的典型构造可参照复杂型生物滞留设施。

（2）适用性

人工土壤渗滤适用于有一定场地空间的建筑与小区及城市绿地。

（3）优缺点

人工土壤渗滤雨水净化效果好，易与景观结合，但建设费用较高。

7 附　　录

7　Appendix

住房城乡建设部关于印发
海绵城市专项规划编制暂行规定的通知

各省、自治区住房城乡建设厅，直辖市规划委（局）、建委，新疆生产建设兵团建设局：

为贯彻落实《中共中央国务院关于进一步加强城市规划建设管理工作的若干意见》（中发〔2016〕6 号）、《国务院关于深入推进新型城镇化建设的若干意见》（国发〔2016〕8 号）和《国务院办公厅关于推进海绵城市建设的指导意见》（国办发〔2015〕75 号），指导各地做好海绵城市专项规划编制工作，我部研究制定了《海绵城市专项规划编制暂行规定》（以下简称《规定》），现印发给你们。

请各地按照《规定》要求，结合实际，抓紧编制海绵城市专项规划，于 2016 年 10 月底前完成设市城市海绵城市专项规划草案，按程序报批。《规定》执行中遇到的问题及建议，请及时告我部城乡规划司和城市建设司。

中华人民共和国住房和城乡建设部
2016 年 3 月 11 日

附录 2

海绵城市专项规划编制暂行规定

第一章 总 则

第一条 为贯彻落实《中共中央国务院关于进一步加强城市规划建设管理工作的若干意见》（中发［2016］6号）、《国务院关于深入推进新型城镇化建设的若干意见》（国发［2016］8号）和《国务院办公厅关于推进海绵城市建设的指导意见》（国办发［2015］75号），做好海绵城市专项规划编制工作，制定本规定。

第二条 海绵城市专项规划是建设海绵城市的重要依据，是城市规划的重要组成部分。

第三条 编制海绵城市专项规划，应坚持保护优先、生态为本、自然循环、因地制宜、统筹推进的原则，最大限度地减小城市开发建设对自然和生态环境的影响。

第四条 编制海绵城市专项规划，应根据城市降雨、土壤、地形地貌等因素和经济社会发展条件，综合考虑水资源、水环境、水生态、水安全等方面的现状问题和建设需求，坚持问题导向与目标导向相结合，因地制宜地采取"渗、滞、蓄、净、用、排"等措施。

第五条 海绵城市专项规划可与城市总体规划同步编制，也可单独编制。

第六条 海绵城市专项规划的规划范围原则上应与城市规划区一致，同时兼顾雨水汇水区和山、水、林、田、湖等自然生态要素的完整性。

第七条 承担海绵城市专项规划编制的单位，应当具有乙级及以上的城乡规划编制资质，并在资质等级许可的范围内从事规划编制工作。

第二章　海绵城市专项规划编制的组织

第八条　城市人民政府城乡规划主管部门会同建设、市政、园林、水务等部门负责海绵城市专项规划编制具体工作。海绵城市专项规划经批准后，应当由城市人民政府予以公布；法律、法规规定不得公开的内容除外。

第九条　编制海绵城市专项规划，应收集相关规划资料，以及气象、水文、地质、土壤等基础资料和必要的勘察测量资料。

第十条　在海绵城市专项规划编制中，应广泛听取有关部门、专家和社会公众的意见。有关意见的采纳情况，应作为海绵城市专项规划报批材料的附件。

第十一条　海绵城市专项规划经批准后，编制或修改城市总体规划时，应将雨水年径流总量控制率纳入城市总体规划，将海绵城市专项规划中提出的自然生态空间格局作为城市总体规划空间开发管制要素之一。

编制或修改控制性详细规划时，应参考海绵城市专项规划中确定的雨水年径流总量控制率等要求，并根据实际情况，落实雨水年径流总量控制率等指标。

编制或修改城市道路、绿地、水系统、排水防涝等专项规划，应与海绵城市专项规划充分衔接。

第三章　海绵城市专项规划编制内容

第十二条　海绵城市专项规划的主要任务是：研究提出需要保护的自然生态空间格局；明确雨水年径流总量控制率等目标并进行分解；确定海绵城市近期建设的重点。

第十三条　海绵城市专项规划应当包括下列内容：

（一）综合评价海绵城市建设条件。分析城市区位、自然地理、经济社会现状和降雨、土壤、地下水、下垫面、排水系统、城市开发前的水文状况等基本特征，识别城市水资源、水环境、水生态、水安全等方面存在的问题。

（二）确定海绵城市建设目标和具体指标。确定海绵城市建设目标（主要为雨水年径流总量控制率），明确近、远期要达到海绵城市要求的面积和比例，参照住房城乡建设部发布的《海绵城市建设绩效评价与考核办法（试行）》，提出海绵城市建设的指标体系。

（三）提出海绵城市建设的总体思路。依据海绵城市建设目标，针对现状问题，因地制宜确定海绵城市建设的实施路径。老城区以问题为导向，重点解决城市内涝、雨水收集利用、黑臭水体治理等问题；城市新区、各类园区、成片开发区以目标为导向，优先保护自然生态本底，合理控制开发强度。

（四）提出海绵城市建设分区指引。识别山、水、林、田、湖等生态本底条件，提出海绵城市的自然生态空间格局，明确保护与修复要求；针对现状问题，划定海绵城市建设分区，提出建设指引。

（五）落实海绵城市建设管控要求。根据雨水径流量和径流污染控制的要求，将雨水年径流总量控制率目标进行分解。超大城市、特大城市和大城市要分解到排水分区；中等城市和小城市要分解到控制性详细规划单元，并提出管控要求。

（六）提出规划措施和相关专项规划衔接的建议。针对内涝积水、水体黑臭、河湖水系生态功能受损等问题，按照源头减排、过程控制、系统治理的原则，制定积水点治理、截污纳管、合流制污水溢流污染控制和河湖水系生态修复等措施，并提出与城市道路、排水防涝、绿地、水系等相关规划相衔接的建议。

（七）明确近期建设重点。明确近期海绵城市建设重点区域，提出分期建设要求。

（八）提出规划保障措施和实施建议。

第十四条 海绵城市专项规划成果应包括文本、图纸和相关说明。成果的表达应当清晰、准确、规范，成果文件应当以书面和电子文件两种方式表达。

第十五条　海绵城市专项规划图纸一般包括：

（一）现状图（包括高程、坡度、下垫面、地质、土壤、地下水、绿地、水系、排水系统等要素）。

（二）海绵城市自然生态空间格局图。

（三）海绵城市建设分区图。

（四）海绵城市建设管控图（雨水年径流总量控制率等管控指标的分解）。

（五）海绵城市相关涉水基础设施布局图（城市排水防涝、合流制污水溢流污染控制、雨水调蓄等设施）。

（六）海绵城市分期建设规划图。

第四章　附　　则

第十六条　设市城市编制海绵城市专项规划，适用本规定。其他地区编制海绵城市专项规划可参照执行本规定。

第十七条　各省、自治区、直辖市住房城乡建设主管部门可结合实际，依据本规定制订技术细则，指导本地区海绵城市专项规划编制工作。

第十八条　各城市应在海绵城市专项规划的指导下，编制近期建设重点区域的建设方案、滚动规划和年度建设计划。建设方案应在评估各类场地建设和改造可行性基础上，对居住区、道路与广场、公园与绿地，以及内涝积水和水体黑臭治理、河湖水系生态修复等基础设施提出海绵城市建设任务。

第十九条　本规定由住房城乡建设部负责解释。

第二十条　本规定自发布之日起施行。